Modélisation des jets flottants turbulents dans un milieu marin

Aicha Belcaid

Modélisation des jets flottants turbulents dans un milieu marin

Application à grande échelle sur la pollution de la baie de Tanger (Maroc)

Presses Académiques Francophones

Impressum / Mentions légales
Bibliografische Information der Deutschen Nationalbibliothek: Die Deutsche Nationalbibliothek verzeichnet diese Publikation in der Deutschen Nationalbibliografie; detaillierte bibliografische Daten sind im Internet über http://dnb.d-nb.de abrufbar.
Alle in diesem Buch genannten Marken und Produktnamen unterliegen warenzeichen-, marken- oder patentrechtlichem Schutz bzw. sind Warenzeichen oder eingetragene Warenzeichen der jeweiligen Inhaber. Die Wiedergabe von Marken, Produktnamen, Gebrauchsnamen, Handelsnamen, Warenbezeichnungen u.s.w. in diesem Werk berechtigt auch ohne besondere Kennzeichnung nicht zu der Annahme, dass solche Namen im Sinne der Warenzeichen- und Markenschutzgesetzgebung als frei zu betrachten wären und daher von jedermann benutzt werden dürften.

Information bibliographique publiée par la Deutsche Nationalbibliothek: La Deutsche Nationalbibliothek inscrit cette publication à la Deutsche Nationalbibliografie; des données bibliographiques détaillées sont disponibles sur internet à l'adresse http://dnb.d-nb.de.
Toutes marques et noms de produits mentionnés dans ce livre demeurent sous la protection des marques, des marques déposées et des brevets, et sont des marques ou des marques déposées de leurs détenteurs respectifs. L'utilisation des marques, noms de produits, noms communs, noms commerciaux, descriptions de produits, etc, même sans qu'ils soient mentionnés de façon particulière dans ce livre ne signifie en aucune façon que ces noms peuvent être utilisés sans restriction à l'égard de la législation pour la protection des marques et des marques déposées et pourraient donc être utilisés par quiconque.

Coverbild / Photo de couverture: www.ingimage.com

Verlag / Editeur:
Presses Académiques Francophones
ist ein Imprint der / est une marque déposée de
OmniScriptum GmbH & Co. KG
Heinrich-Böcking-Str. 6-8, 66121 Saarbrücken, Deutschland / Allemagne
Email: info@presses-academiques.com

Herstellung: siehe letzte Seite /
Impression: voir la dernière page
ISBN: 978-3-8381-7213-2

Modélisation des jets flottants turbulents dans un milieu marin

Application à grande échelle sur la pollution de la baie de Tanger (Maroc)

Aicha Belcaid

Table des matières

Nomenclature

Alphabets latins

Symbole	Définition	Unité
c_p	Chaleur spécifique du fluide à pression constante	$J.kg^{-1}.K^{-1}$
C^A	Concentration molaire de l'espèce A	
C_μ, $C_{\varepsilon 1}$, $C_{\varepsilon 2}$	Constantes empiriques du modèle de turbulence	-
d	Diamètre de la buse d'éjection	m
D^A	Coefficient de diffusion moléculaire de l'espèce A	-
f_μ, f_1, f_2	Fonctions d'amortissement du modèle de turbulence à bas nombres de Reynolds	-
g	Accélération gravitationnelle	$m.s^{-2}$
h	Enthalpie massique	kj/kg
k	Energie cinétique turbulente	$m^2.s^{-2}$
m_A	Fraction massique de l'espèce A	-
p	Pression totale	Pa
r	Rayon du jet	m
T	Température moyenne	K
t	Temps	s
U_0	Vitesse initiale d'injection (des jets)	$m.s^{-1}$
u_1, u_2, u_3	Composantes de la vitesse, respectivement suivant les axes x_1, x_2 et x_3	$m.s^{-1}$
u_d^A	Vitesse de diffusion de l'espèce A dans le mélange	$m.s^{-1}$
x_i	Coordonnées suivant la direction (i)	m

Alphabets grecs

Symbole	Définition	Unité
β	Coefficient d'expansion thermique	K^{-1}
δ_{ij}	Symbole de Kronecker	-
ε	Taux de dissipation de l'énergie cinétique turbulente	$m^2.s^{-3}$
ρ	Densité (masse volumique)	$kg.m^{-3}$
μ	Viscosité dynamique	$kg.m^{-1}.s^{-1}$
λ	Conductivité thermique du fluide	$w.m^{-1}.K^{-1}$
α	Diffusivité thermique	$m^2.s^{-1}$
ν	Viscosité cinématique	$m^2.s^{-1}$
σ_k, σ_ε	Constantes empiriques du modèle de turbulence $k\text{-}\varepsilon$ standard	-
τ_{ij}	Contrainte visqueuse	$kg.s^{-3}$
ϕ	Energie mécanique dissipée par les frottements visqueux	$kg.m^{-1}.s^{-3}$

Nombres adimensionnel

Symbole	Définition	Unité
Re	Nombre de Reynlods	-
Fr	Nombre de Froude	-
Pr	Nombre de Prandtl	-

Indices

Symbole	Définition
0	Conditions initiales des jets à la buse d'éjection
a	Propriétés relatives au milieu ambiant
i	Grandeurs suivant la direction i
t	Termes de turbulence

Indices

Symbole	Définition
-	Moyenne de Reynolds
'	Fluctuation

Introduction générale

Les écoulements dans la nature qui nous entoure, qu'ils soient atmosphériques ou marins, sont dominés par la turbulence. Les échanges de chaleur, de quantité de mouvement et de masse suivent des évolutions tourbillonnaires irrégulières à grande échelle plutôt que par diffusion moléculaire. Avec les développements urbains et industriels, ces écoulements turbulents génèrent différents phénomènes de pollution et notamment la pollution marine qui est de nos jours l'une des préoccupations majeures des organismes qui veillent sur le maintien et l'amélioration des conditions environnementales des milieux marins.

Les résidus industriels ou domestiques déversés dans la mer ont des effets particulièrement nuisibles sur la vie marine et humaine. Les analyses physico-chimiques attestent de la dégradation des espèces par de nombreuses substances chimiques industrielles qui affectent le milieu récepteur et modifient dans l'espace et le temps la nature des eaux côtières. L'augmentation de la température des eaux et de la concentration des substances polluantes suppose en même temps un accroissement de la consommation d'oxygène, ce qui est néfaste à la faune marine. Dans de telles problématiques où de nombreux phénomènes interagissent, une approche pluridisciplinaire est nécessaire afin de comprendre en amont la phénoménologie des différents processus mis en jeu. La caractérisation de l'écoulement des rejets et celle du comportement de ces derniers vis-à-vis du milieu récepteur est donc primordiale dans l'étude des processus côtiers car elle contribue à la conception et à la mise en œuvre des ouvrages de protection et de dépollution des milieux marins.

L'écoulement engendré par ces rejets est assimilable physiquement à des jets débouchant dans un milieu ambiant qui peut être au repos ou en mouvement et il est donc géré par le mélange de fluides en interaction. Le processus de mélange dépend de plusieurs paramètres pouvant être liés:

- à la géométrie des buses d'injection, leur hauteur, leur inclinaison, leur élévation, leur position ou encore la distance qui les sépare. Par ailleurs, ces rejets peuvent se situer en surface, s'ils proviennent de fleuves ou d'oueds, ou en profondeur s'ils sont issus d'un émissaire d'une station d'épuration;
- à la dynamique de l'écoulement, telles: la turbulence, la vitesse des jets et celle du milieu dans lequel ils se diluent;
- aux aspects massiques et thermiques engendrés par les gradients de concentration et de température entre les jets et le milieu ambiant et fortement corrélés à la force de gravité.

En milieu marin, la configuration géométrique la plus courante est celle des jets horizontaux en surface libre puisqu'ils sont représentatifs de l'écoulement aux embouchures de fleuves ou d'oueds. C'est aussi le cas pour bon nombre d'émissaires de stations d'épuration bien que l'on rencontre aussi, dans ce cas, d'autres configurations avec des émissaires qui débouchent en profondeur et loin du rivage: les buses d'émission sont alors généralement situées à une certaine hauteur du fond marin et peuvent être inclinées ou non par rapport au plan horizontal. Or, une analyse bibliographique sur les jets avec prise en compte des effets gravitationnels montre que la majorité des études est consacrée à l'élaboration de modèles analytiques ou numériques applicables aux jets verticaux. Ceci est naturel puisque dans ce cas la direction de l'écoulement est confondue avec celle de la force de gravité, ce qui permet de prendre des hypothèses de symétrie qui simplifient l'analyse. Mises à part quelques études sur les "offset jets", dans le domaine de l'habitat, les autres configurations sont relativement peu étudiées.

C'est dans ce cadre que se situe ce travail qui est une contribution à l'étude du comportement d'un jet flottant horizontal, représentatif de la dispersion de rejets dans un milieu marin. Il consiste à modéliser ce type d'écoulement par une approche mathématique basée sur la résolution numérique, à valider le modèle numérique par des mesures à échelle réduite sur des maquettes expérimentales, et, enfin, à simuler la dispersion de polluants à grande échelle sur un cas réel. Ainsi, de cet œuvre comporte quatre chapitres:

- Le premier chapitre est sous forme d'un aperçu historique qui présente les principales études effectuées sur les différents types de jets: verticaux, qui est la configuration la plus abordée depuis les travaux de Taylor en 1945, puis celles concernant les jets inclinés ou horizontaux qui sont pourtant des configurations courantes dans la nature et en ingénierie mais, comme rappelé ci-dessus, bien moins traitées par les différentes études. Enfin, la dernière partie aborde des travaux sur les jets en présence d'un écoulement transversal, qui est la configuration la plus représentative du cas des rejets dans un milieu marin. Ce chapitre fera ressortir les différents problèmes liés à ce type d'écoulement pour les prendre en considération dans la suite du travail.

- Le deuxième chapitre procède à la modélisation mathématique. On commence tout d'abord par établir les équations dans le cadre général d'un écoulement turbulent incompressible. A ce stade, on définit les modèles de turbulence en insistant sur les modèles à grands nombres de Reynolds du premier ordre (k-ε) qui seront utilisés dans les applications numériques des chapitres suivants. Enfin, on présente la procédure numérique adoptée, basée sur la méthode des volumes finis, qui est celle utilisée dans le code "Fluent".

- Dans le troisième chapitre, l'étude du comportement des effluents, comme étant des jets ou panaches, est abordée. Cette étude doit commencer par la compréhension de la phénoménologie globale de leur dispersion dans le milieu ambiant, indépendamment de la nature chimique du fluide éjecté (liquide ou gaz). En régime turbulent, un jet flottant, ou encore panache forcé, dépend essentiellement des conditions initiales à la source regroupées en terme de flux initiaux de quantité de mouvement et de flottabilité. En se plaçant dans des cas du nombre de Reynolds et du nombre de Froude similaires à ceux rencontrés en ingénierie pour les émissaires, le troisième chapitre présente une étude numérique et expérimentale d'un jet flottant turbulent horizontal sans adopter l'hypothèse de Boussinesq puisque on prend le cas du mélange air-hélium injecté dans un milieu statique et homogène d'air. Ce cas sera dénommé dans la suite "non-Boussinesq". Les résultats de cette partie portent sur l'analyse du comportement du jet vis-à-vis les conditions d'injection, en terme de forme, de trajectoire centrale du jet et de densité du mélange sur cette dernière.

- Le dernier chapitre récapitule toutes les interprétations et les conclusions tirées des chapitres précédents pour une modélisation à grande échelle de la dispersion de rejets via des jets horizontaux dans un milieu marin. Cette étude est appliquée directement à la baie de Tanger au Maroc et elle consiste à une simulation numérique du processus de la pollution côtière par les eaux usées rejetées par les oueds dans la baie. Ce processus est régi essentiellement par la bathymétrie, les courants engendrés par la marée et les variations importantes de débit des différents oueds. Étudier expérimentalement un tel problème est coûteux et parfois impossible, d'où l'idée d'une étude numérique jugée avantageuse pour comprendre les différents phénomènes qui régissent la dispersion de polluants dans la baie et prédire le niveau de la dégradation de la qualité de ses eaux. Les résultats de cette modélisation, en bidimensionnel et en tridimensionnel, permettent de visualiser au cours du temps le mécanisme de la dispersion et d'avoir des informations précieuses sur l'écoulement généré au voisinage des plages de la baie par l'interaction des rejets et des mouvements de flux et de reflux de la marée. La validation des résultats numériques est réalisée par des comparaisons qualitatives avec les résultats de tests in-situ et des visualisations satellitaires.

Chapitre I: Aperçu historique

« Prendre des notes, c'est faire des gammes de littérature. »

Jules Renard

I.1   Position du problème

Les rejets d'eaux usées en mer, qu'ils soient directs via les rivières et oueds, ou indirects via les émissaires sous-marins après un prétraitement, sont devenus au fil des années l'un des problèmes majeurs des villes côtières dans le monde entier. La dispersion insuffisante des polluants mène à des graves contaminations de l'environnement côtier. Le contrôle de tels problèmes de pollution nécessite la bonne compréhension des écoulements liés au processus de dispersion. La pratique récente consiste à décharger les eaux usées en jets simples ou multicirculaires comme indiqué par Rawn et al. (1960). Le mélange initial du jet avec le milieu récepteur (l'eau de mer) est induit par le mouvement, souvent turbulent, du jet. Ainsi, l'écoulement est assimilable à un jet turbulent submergé et diverses conditions environnementales doivent être prises en considération dont, notamment, les effets de flottabilité et l'interaction du jet avec les courants ou les marées.

I.1.1   Effets de flottabilité

La densité de l'effluent est différente de celle du milieu récepteur, en général de l'ordre de 2.5% plus faible que l'eau de mer à cause de la salinité de celle-ci. Bien que cette différence soit faible, la flottabilité a un effet drastique sur le comportement du jet. En effet, un jet forcé injecté horizontalement dans un fluide plus lourd, ou avec un angle d'inclinaison par rapport à la verticale, sera dévié vers le haut. Ce type de jet est dénommé jet flottant ou panache forcé. Le cas limite où le jet est généré uniquement par un gradient de concentration (ou de température) est appelé panache simple. Cette influence est schématisée sur la figure I.1(a), ρ_i représentant la masse volumique du fluide injecté et ρ_a celle du milieu ambiant.

La nature du milieu ambiant est conditionnée par le gradient de densité en échelle de temps et d'espace, à cause de la variation de la température et/ou la salinité. Le milieu ambiant est dit homogène si ce gradient est nul et stratifié dans le cas contraire. Dans un milieu homogène, la remontée du jet à la surface est directe. Dans un milieu stratifié, la remontée du jet est liée au gradient de densité local à chaque niveau de la stratification (Brooks (1966)). Ainsi, le jet peut ne pas remonter à la surface et être bloqué à une hauteur intermédiaire, là où le gradient s'annule car le mélange du corps du panache avec le fluide ambiant augmente la densité de l'effluent alors que la densité ambiante diminue avec la hauteur. Il y a alors dispersion horizontale dans une mince couche au sein du fluide ambiant. Ces deux comportements sont schématisés sur la figure I.1(b).

I.1.2   Effet des courants et des marées

La mer, comme l'atmosphère, est rarement stable. Les courants marins et les marées régulières n'affectent pas uniquement la dynamique de l'écoulement des rejets, mais aussi les caractéristiques du mélange initial du jet. L'effet des courants transversaux ne peut pas être négligé même si la vitesse du courant est faible par rapport à la vitesse d'injection du jet. Ceci est particulièrement critique près des côtes pour des raisons évidentes de pollution du littoral. Le comportement du jet qui résulte de cette interaction est schématisé sur la figure I.1(c). Dans ce processus, la turbulence du milieu ambiant influence le comportement du jet. Cependant, les effets de cette turbulence sur le mélange initial du jet sont d'une importance moindre sauf si la vitesse initiale et la turbulence du jet sont faibles.

I.1.3   Interaction entre les jets

Quand les jets sont proches l'un de l'autre, ils se mélangent au fur et à mesure qu'ils se dispersent. Par exemple, une rangée de jets ronds se comporte loin de la source comme un seul jet issu d'une buse bidimensionnelle. L'effet d'interaction peut être anticipé par la prédiction du taux de l'évolution du diamètre du jet.

L'étude de ce genre d'écoulement dont le processus regroupe plusieurs facteurs en interaction présente une grande difficulté. Les jets flottants (panaches forcés) ont été traités par plusieurs auteurs de domaines différents (section 2). Le travail actuel présente une étude de modélisation d'un jet turbulent flottant dans les trois configurations suivantes :

1- Un jet turbulent non-Boussinesq rond flottant et horizontal dans un milieu statique et homogène.
2- Un jet turbulent Boussinesq rond flottant horizontal et pariétal dans un milieu statique et homogène.
3- L'interaction de jets turbulents ronds et horizontaux dans un milieu homogène avec de courants transversaux.

Les résultats portant le comportement du jet ne sont pas uniquement valables pour les rejets usés dans un milieu marin mais aussi pour les problèmes similaires comme par exemple les rejets gazeux dans l'atmosphère.

Notons que les jets flottants interviennent aussi dans d'autres applications: décharges d'eaux thermales des industries dans les lacs d'eau douce ou les rivières, systèmes de ventilation, fuites accidentelles des gaz, pots d'échappement etc.

Dans les sections suivantes, on entame les fameux travaux précédents faits pour l'étude des différents cas des jets/panaches et où l'on insiste surtout sur le cas des jets/panaches inclinés sans ou avec courant transversal.

I.2   Jets et panaches simples

Un jet simple est un écoulement généré par une source continue de quantité de mouvement. Les résultats expérimentaux de Albertson et al. (1950) démontrent la similarité des profils de vitesse et l'expansion linéaire du diamètre nominal b du jet ($b{\sim}x$). Le profil de vitesse suit une distribution gaussienne dans le champ proche (Figure I.2), la vitesse longitudinale u sur la ligne centrale étant inversement proportionnelle à la distance x sur la trajectoire ($u{\sim}x^{-1}$) et le flux volumique Q à travers une section transversale augmentant linéairement avec x, à cause de l'entraînement du fluide ambiant situé en périphérie.

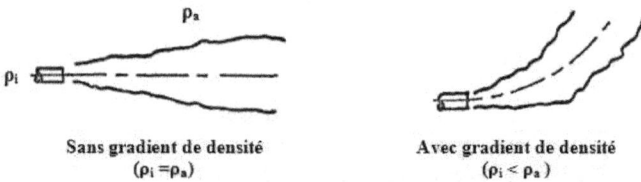

Sans gradient de densité   Avec gradient de densité
($\rho_i = \rho_a$)   ($\rho_i < \rho_a$)

a. L'effet de flottabilité

Homogène   Stratifié
(ρ_a est constante)   (ρ_a est variable)

b. L'effet de stratification

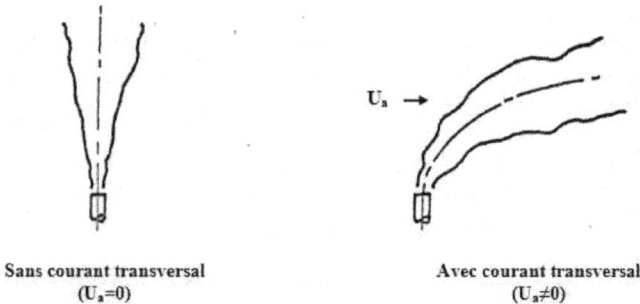

Sans courant transversal   Avec courant transversal
($U_a = 0$)   ($U_a \neq 0$)

c. L'effet du courant

Fig. I.1. *Les effets des conditions environnementales sur le comportement d'un jet (Fan et Brooks (1967))*

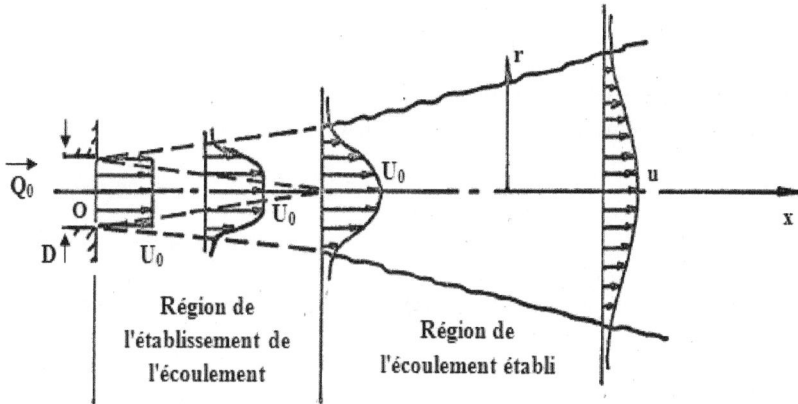

Fig. I.2. *Distribution des profils de vitesse suivant les zones de l'écoulement dans un jet (Albertson et al. (1950))*

On distingue pratiquement deux régions: la première est appelée région d'établissement de l'écoulement et elle se forme près de la buse. La longueur de cette région est approximativement 6.2 fois le diamètre de la buse (Albertson et al. (1950)) et comprend le cœur potentiel. Cette deuxième région, dans laquelle le profil de vitesse se développe en distribution gaussienne, est celle où l'écoulement est établi. On peut en définir une troisième, intermédiaire entre les deux précédentes, et dans laquelle se fait la transition.

En revanche, un panache simple est généré uniquement par des gradients de température et/ou de concentration. La direction de l'écoulement est la même que celle de la force de flottabilité puisque le panache n'a pas un flux initial de quantité de mouvement. Sous l'effet continu de la force de flottabilité, le flux de quantité de mouvement du panache augmente avec la hauteur. Rouse et al. (1952) ont trouvé que les profils de vitesse et de la flottabilité sont similaires sur toute section transversale. Ces études ont montré que la vitesse u sur la trajectoire centrale du panache est proportionnelle à la distance de la trajectoire à la puissance -1/3 ($u \sim y^{-1/3}$) et l'expansion du diamètre nominal est linéaire avec la distance ($b \sim y$). Les profils de vitesse et de flottabilité sont représentés par des distributions gaussiennes.

I.3   Jets flottants verticaux

Si l'écoulement est généré à la fois par une source de flottabilité et une source de quantité de mouvement, le jet est dit flottant ou panache forcé. Le jet simple et le panache simple sont les deux limites du jet flottant. Dans un milieu ambiant homogène, la quantité de mouvement verticale augmente avec la distance de la buse sous l'effet des forces de flottabilité. Morton (1959) a analysé le problème en se basant sur la méthode des intégrales avec trois hypothèses:

- La similarité des profils de la vitesse moyenne verticale et de la force moyenne de flottabilité sur les sections transversales,

- La théorie d'entraînement de Taylor (1945) où le taux d'entraînement du fluide ambiant au corps du panache est proportionnel à la vitesse du jet sur la trajectoire centrale:

$$\frac{dQ}{dy} = 2\pi \, \alpha \, u \, b \qquad (I.1)$$

où $\frac{dQ}{dy}$ est le taux du flux volumique et α le coefficient d'entraînement supposé constant.

- La variation de densité supposée petite par rapport à la densité de référence: c'est l'approximation de Boussinesq.

Morton a construit des solutions à partir d'une source virtuelle bien que le jet soit injecté à travers une ouverture (buse) de dimensions finies. Ce type d'écoulement est caractérisé par le rapport entre les flux initiaux de quantité de mouvement et de flottabilité, représenté par le nombre de Froude initial Fr:

$$Fr = \left(\frac{U_0^2 \rho_a}{gD(\rho_a - \rho_0)} \right)^{\frac{1}{2}} \qquad (I.2)$$

où U_0 est la vitesse initiale du jet, ρ_a la densité du milieu ambiant, ρ_0 la densité initiale du jet à la source et D le diamètre initial du jet (le diamètre de la section d'injection).

Abraham (1963) a obtenu le comportement du corps du jet (diamètre) du jet afin de déterminer les conditions extrêmes pour un jet simple et un panache simple. Frankel et Cumming (1965) ont réalisé des expériences basées sur des mesures de concentration d'un jet flottant pour déterminer les taux de dilution S sur les limites (périphérie) du jet.

Chen et Rodi (1980) ont réalisé des expériences sur des jets flottants verticaux injectés dans des milieux homogènes ou stratifiés. Ils ont considéré le cas des jets plans axisymétriques pour des nombres de Froude couvrant les deux cas limites d'un jet simple et d'un panache simple. Les résultats ont porté sur la mesure du taux de dispersion, la vitesse, la température et la concentration du mélange le long des limites du jet.

Les analyses de Lane Serff et al. (1993), basées sur le modèle de Morton (1959) et Morton et al. (1961) et l'hypothèse d'entraînement de Taylor (1945), ont présenté des solutions pour un jet flottant vertical en milieu homogène et en milieu stratifié. Lane Serff et al. ont utilisé des profils « Top-hat » (une valeur uniforme à dans le jet et nulle à l'extérieur) pour modéliser la distribution de la vitesse et la différence de densité entre le jet et le milieu ambiant sur la ligne centrale du jet. Le coefficient d'entraînement est pris égal à une valeur constante de 0.1, basée sur les résultats de plusieurs expériences (Rouse et al.(1952), Turner

(1966)). Les résultats ont porté sur ce qui différencie les deux milieux pour des jets verticaux: l'intégration de la solution se fait en considérant une "origine virtuelle" où le flux massique et le rayon du jet sont tous les deux nuls.

Bloomfield et Kerr (1998) ont étudié théoriquement et expérimentalement le cas d'un jet dense, appelé fontaine, injecté verticalement à partir de la base d'une large cuve remplie en fluide statique et stratifié moins dense. En combinant des données expérimentales aux analyses dimensionnelles, ils ont déterminé la hauteur initiale du jet au dessus de la source, où la remontée du jet s'arrête. Sous l'effet de la stratification du milieu ambiant et des flux de quantité de mouvement et de flottabilité à la source, ce jet peut se propager le long de la base de la cuve ou s'immerger dans le fluide ambiant et remonter à une hauteur intermédiaire. Ils ont déterminé ainsi la hauteur de la remontée du jet et la condition critique de la dispersion au niveau de la base de la cuve.

El-Amin et al. (2010) ont étudié numériquement un jet de faible densité injecté verticalement dans un milieu ambiant de forte densité. Ils ont adopté la méthode des intégrales pour les flux de masse, de quantité de mouvement et de concentration. Le taux d'entraînement est fonction de deux composantes, la première étant due au flux de quantité de mouvement et la deuxième au flux de flottabilité. Les solutions obtenues ont permis de déterminer les valeurs moyennes de la vitesse axiale, de la concentration et de la densité sur la ligne centrale du jet.

Lai et Lee (2012) ont étudié expérimentalement le cas d'un jet dense rond incliné injecté dans un milieu statique. Ils ont fait des mesures de concentration, à l'aide de la technique LIF (Laser-induced fluorescence), pour des jets avec des angles d'inclinaison qui varient entre 15° et 60° et des nombres de Froude Fr compris entre 10 et 40. Ils ont proposé des corrélations empiriques pour la hauteur maximale de la remontée du jet et la dilution du jet à cette hauteur, moyennant un modèle Lagrangien.

I.4   Jets horizontaux ou inclinés

Dans plusieurs applications les jets flottants ne sont pas déchargés verticalement. Ainsi, dans le cas des rejets en mer, la configuration la plus fréquente consiste à décharger les rejets horizontalement ou parfois avec une certaine inclinaison. Toutefois, cette configuration a été moins abordée par les études par rapport au cas des jets/panaches verticaux. Les jets flottants inclinés prennent une forme courbée sous l'effet de la gravité et de la quantité de mouvement horizontale initiale. Ainsi, la trajectoire du jet devient l'une des solutions à trouver pour toute étude. La nature de la remontée des jets flottants inclinés à partir d'une source de flottabilité et de quantité de mouvement a été analysée par quelques études théoriques et expérimentales d'un certain nombre d'auteurs.

Ainsi, Rawn et al. (1961) ont élaboré la conception de base pour les diffuseurs des effluents des émissaires marins. Ils ont déterminé la variation de la dilution sur la trajectoire centrale du jet une fois que ce dernier ait atteint la surface libre, en fonction du nombre de Froude initial Fr et du rapport de la distance verticale y/D.

Bosanquet et al. (1961) ont déterminé explicitement les trajectoires en utilisant l'hypothèse d'entraînement pour un jet flottant. Ils se sont basés sur un modèle expérimental « water model » qui consiste à injecter dans un grand banc de l'eau un jet de magnétite. Ils ont présenté aussi un modèle pour prédire la forme du jet en fonction de la vitesse initiale, le rapport de densité entre le jet et le milieu ambiant, le diamètre et l'angle d'inclinaison du jet. La comparaison de ces résultats avec ceux du modèle expérimental s'avère satisfaisante.

Abraham (1963,1965 a-b) a obtenu des solutions pour le comportement du corps du jet en spécifiant le taux de croissance des jets en fonction de l'angle local d'inclinaison. Cependant, son étude n'inclut que quelques valeurs de l'angle d'inclinaison et le comportement du jet n'était décrit que pour un jet flottant horizontal. Frankel et Cumming (1965) ont fait des mesures de concentration sur la trajectoire centrale pour des jets de différents angles d'inclinaison. Les résultats de Abraham (1963,1965 a-b), Frankel et Cumming (1965) ont été discutés par Fan et Brooks (1967).

Fan et Brooks (1966 a-b) se sont basés dans leurs analyses sur le modèle de Morton en adoptant un coefficient d'entraînement constant pour un jet flottant incliné dans un milieu statique. En utilisant la technique des intégrales et la similarité des profils de vitesse et de densité à toute position le long du jet et pour couvrir l'effet de l'angle initial d'injection, ils ont donné des solutions pour prédire la trajectoire du jet, la largeur (diamètre) et le gradient de densité. Les solutions numériques ont été présentées pour plusieurs conditions initiales. En 1967, Fan et Brooks ont réalisé des expériences basées sur des observations photographiques des trajectoires et du diamètre des jets pour les comparer avec leurs résultats analytiques. Tous ces résultats pour un jet flottant horizontal sont comparés sur la figure I.3 avec les résultats analytiques et expérimentaux de Cederwall (1967). Sur cette figure, les résultats analytiques de Abraham et Cederwall coïncident. Les résultats de Fan et Brooks, eux, sont plus proches des résultats des travaux expérimentaux mais leurs courbes ne coïncident pas avec les résultats analytiques de Abraham et Cederwall.

Zeitoun et al. (1970) ont étudié le cas d'un jet flottant dense et incliné, moyennant la technique de la conductivité pour la mesure de la dilution sur la trajectoire du jet avec trois cas d'angle d'inclinaison : 30°, 45° et 60°. En se basant sur la mesure de la dilution, ils ont recommandé l'angle de 60° comme angle optimal pour une meilleure dilution d'un jet flottant incliné.

Roberts et Toms (1987) ont repris, par la même méthode que Zeitoun et al. (1970), le cas du jet flottant à 60° d'angle d'inclinaison et le cas du jet vertical pour obtenir des corrélations empiriques de la dilution à la hauteur maximale de la remontée du jet. Leurs résultats ont montré qu'à cette hauteur, le jet flottant incliné à 60° est d'une dilution deux fois plus importante que celle du jet flottant vertical.

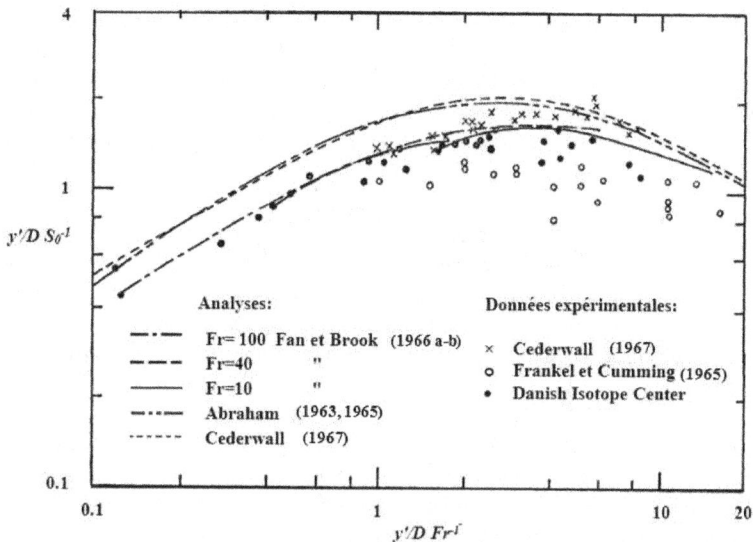

Fig. I.3. *Comparaison de la variation des rapports de dilution S_0 sur la ligne centrale en fonction du nombre de Froude pour un jet flottant horizontal en milieu ambiant homogène (Fan et Brook (1967)*

Lane Serff et al. (1993) ont présenté un modèle analytique des jets flottants inclinés par rapport à l'horizontale et issus de l'injection d'un fluide dans un milieu ambiant homogène et statique de même nature : pour cette étude, ils ont considéré une origine virtuelle où le flux massique est nul. Lane serff et al. ont décrit le processus en se basant sur l'hypothèse d'entraînement proposée par Taylor (1945) et développée par Morton et al. (1956) et Morton (1959). Cette hypothèse induit que le taux de transfert du fluide ambiant au jet est caractérisé par une vitesse de ce fluide perpendiculairement aux axes du panache et proportionnelle à la vitesse moyenne sur la ligne centrale du panache. Le modèle montre que la forme du jet dépend de son angle par rapport à la verticale, au niveau de l'origine virtuelle.

Angelidis (2002) a présenté un modèle numérique d'un jet plan submergé incliné et injecté dans un milieu ambiant homogène. Il a repris les modèles présentés par Fan et Brooks (1966 a-b), Anwar (1969), Chan et Kennedy (1975) et Lee (1990), en prenant en considération l'effet du flux turbulent de chaleur entraîné dans le jet et en utilisant la conservation du flux de chaleur au lieu du flux de flottabilité. Le coefficient d'entraînement adopté varie en fonction du nombre de Richardson. L'analyse a porté sur la comparaison entre les prévisions numériques et les résultats expérimentaux de la trajectoire et de la dilution axiale du jet.

Bloomfield et Kerr (2002) ont poursuivi l'étude expérimentale d'un jet dense, appelé aussi fontaine, mais cette fois-ci avec une injection inclinée par rapport à la verticale. Ils ont déterminé la hauteur initiale du jet et la hauteur finale du jet, ces dernières étant définies sur la figure I.4. Les résultats ont montré que la hauteur initiale diminue quand l'angle d'inclinaison augmente. En revanche, la hauteur finale passe par un maximum pour une inclinaison de 10° environ par rapport à la verticale. L'explication donnée par Bloomfield et Kerr pour ce comportement est liée à l'interaction entre le panache ascendant et la retombée du fluide, ce qui génère une faible turbulence, et la diminution du flux vertical du fluide injecté quand l'angle d'inclinaison diminue.

Hunt et Kaye (2005) ont étudié la dynamique des panaches horizontaux et verticaux injectés dans un milieu ambiant homogène. Leur étude est basée sur les équations de conservation du modèle de Morton et al. (1956) avec un coefficient d'entraînement constant pour une analyse tridimensionnelle du rayon, de l'équilibre local de quantité du mouvement, de flottabilité et des flux volumiques, et du flux de flottabilité interne reçu par le jet dans sa remontée.

Papanicolaou et al. (2008) se sont basés sur les modèles des jets à flottabilité positive pour étudier le cas des jets à flottabilité négative dans un milieu ambiant homogène ou stratifié. Les modèles "Top-hat" et la distribution gaussienne sur les sections transversales ont été utilisés pour la concentration et la vitesse dans le cas des jets flottants à flottabilité négative pour une injection verticale ou inclinée. Papanicolaou et al. ont considéré un coefficient d'entraînement qui varie en fonction du nombre de Richardson Ri entre les deux limites que sont le panache simple et le jet simple. Les résultats, comparés à ceux de l'expérience, ont montré que la diminution du coefficient d'entraînement de 0.057 à 0.03-0.04 améliore les prédictions numériques du comportement du jet et la flottabilité négative réduit l'entraînement du fluide ambiant vers le jet flottant.

Michas et Papanicolaou (2009) ont fait une étude expérimentale d'un jet flottant turbulent, rond et horizontal injecté dans un milieu statique. Les expériences se sont déroulées pour des conditions initiales basées sur un nombre de Richardson Ri qui variant entre les deux limites que constituent le comportement d'un jet pour des faibles valeurs de Ri et le comportement d'un panache pour des valeurs de Ri proches de 1. Les résultats ont porté sur la détermination des caractéristiques du mélange, représentées par les trajectoires du jet, les propriétés turbulentes et la dilution. Les analyses données concluent que l'écoulement se comporte comme un jet dans la région dominée par le flux horizontal de quantité de mouvement et dans la région où le flux vertical de la quantité de mouvement domine, les profils de températures moyenne et turbulente deviennent asymétriques.

Hourri et al. (2011) ont réalisé des simulations numériques avec le code de calcul "Fluent" pour étudier la décroissance de la concentration de l'hydrogène le long de la trajectoire centrale d'un jet subsonique turbulent horizontal. Les analyses prennent en compte l'effet de la flottabilité et de la gravité sur les processus de dispersion. Elles ont permis de déterminer la limite où le jet est dominé uniquement par la quantité de mouvement. Les résultats numériques ont été comparés avec les résultats des jets libres axisymétriques verticaux des travaux analytiques antérieurs.

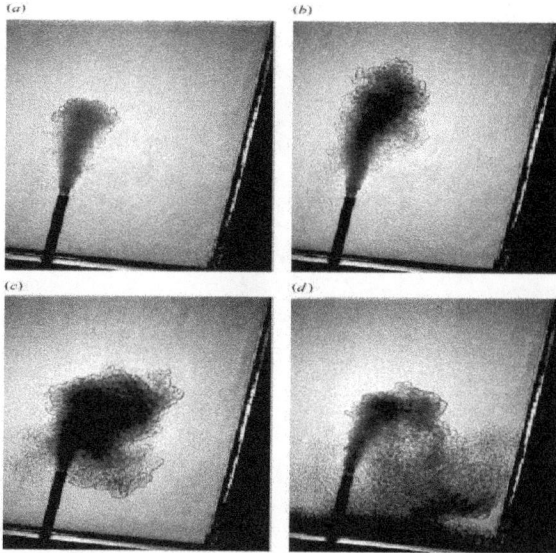

Fig. I.4. *Photos des différentes étapes de la remontée d'une fontaine turbulente axisymétrique inclinée d'un angle de 10° par rapport à la verticale: (a) L'écoulement initial de type jet, (b) l'arrêt de la remontée à une hauteur initiale maximale sous l'effet de la flottabilité négative, (c) et (d) la chute de la fontaine à une hauteur plus petite dite la hauteur finale (Bloomfield et Kerr (2002))*

El-Amin et Sun (2012) ont fait une étude numérique d'un jet flottant issu d'une injection horizontale de l'hydrogène dans de l'air. Basée sur la théorie d'entraînement et les profils "Top-hat", la résolution numérique des équations a porté sur la détermination de la vitesse, la densité et la concentration du mélange sur la trajectoire centrale du jet.

I.5   Jets flottants dans un écoulement transversal de densité homogène

Les jets placés dans un écoulement transversal ont fait l'objet de plusieurs études pour des applications comme, par exemple l'étude de l'interaction entre les panaches de cheminées et le vent. Le problème est identique pour le rejet des eaux usées par un émissaire marin et son interaction avec les courants marins. Pour un jet/panache, rond ou plan, injecté dans un écoulement transversal, sa trajectoire subit une déviation à l'aval et s'aligne progressivement avec la direction de l'écoulement transversal. Une caractéristique importante pour ce type d'écoulement est la structure tourbillonnaire des paires de vortex ainsi formés et leur rôle sur l'entraînement du fluide ambiant dans le corps du jet, ce qui peut favoriser la dilution rapide et le transport vers des champs éloignés de la source d'injection.

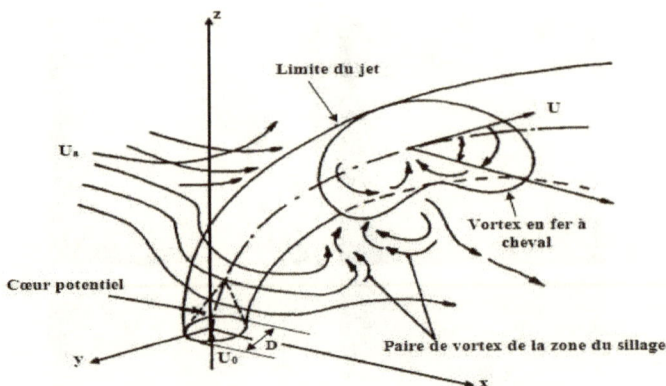

Fig. I.5. *Schéma d'un jet turbulent rond dans un écoulement transversal (Sherif et Pletcher (1998))*

Les solutions d'un jet simple issu d'une source de quantité de mouvement et injecté dans un écoulement transversal uniforme, sont une simple extension des solutions d'un jet simple dans un fluide ambiant statique. La figure I.6 illustre le cas d'un jet flottant rond injecté avec une vitesse U_0 dans un écoulement transversal uniforme d'une vitesse U_a. Les densités du fluide du jet et du fluide ambiant sont respectivement ρ_0 et ρ_a. L'écoulement devient complètement développé et des tourbillons en forme de "Fer à cheval" se développent dans des régions proches de la buse. Parallèlement, la trajectoire du jet se courbe dans la direction de l'écoulement transversal sous deux effets: le premier correspond à une dépression située derrière le jet et cet effet est spécialement important lorsque la trajectoire initiale du jet est normale à la direction du courant transversal. Le second facteur est l'entraînement du fluide ambiant par le jet, ce qui induit un transfert de quantité de mouvement de l'ambiance vers le jet, la composante horizontale de ce transfert jouant un rôle important. Ces deux effets sont responsables de la forme en "Fer à cheval" des tourbillons. Plus loin, le jet continue de remonter sous l'effet combiné de la composante verticale de la quantité de mouvement initiale et de la flottabilité du jet. Dans ce problème, l'écoulement n'est pas caractérisé uniquement par le nombre de Froude Fr, mais aussi par le rapport de vitesse entre le jet et le courant transversal:

$$k = \frac{U_0}{U_a} \tag{I.3}$$

Pour un jet simple le rapport k est infini. D'après Fan et Brooks (1967), le jet s'attache légèrement à la paroi adjacente de la buse pour des valeurs de k inférieures à 4.

Selon des études expérimentales et des visualisations d'un grand nombre d'auteurs (par exemple Sherif et Pletcher (1998)), un jet dans un écoulement transversal est caractérisé par trois régions (Figure I.7):

(a) La région initiale, ou zone de l'établissement de l'écoulement, dans laquelle l'écoulement initialement uniforme du jet interagit avec l'écoulement transversal ambiant en formant une couche de cisaillement qui se développe aux limites du jet.

(b) la région intermédiaire, ou zone de l'écoulement établi, dans laquelle une couche de mélange turbulent se développe autour des limites du jet et l'écoulement devient rapidement entièrement turbulent,

(c) la région du champ lointain où la norme et la direction du vecteur vitesse du jet celles de l'écoulement transversal se confondent.

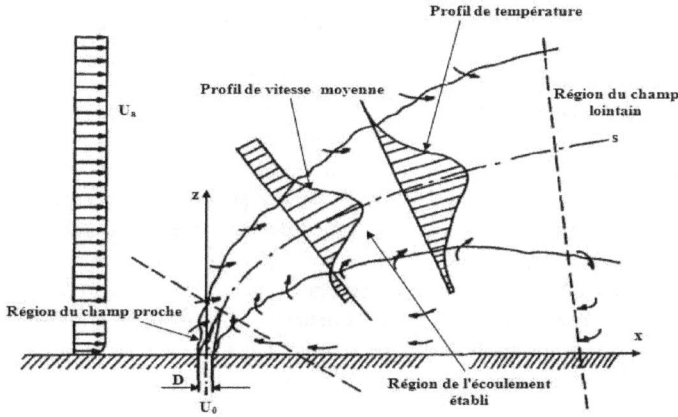

Fig. I.6. *Schéma d'un jet turbulent rond dans un écoulement transversal*
(Sherif et Pletcher (1998))

Morton (1961) a analysé le problème des jets flottants dans des écoulements transversaux uniformes en utilisant la technique des méthodes intégrales en considérant un coefficient d'entraînement constant. La difficulté majeure des jets flottants dans un écoulement transversal uniforme est la présence de trois facteurs agissant dans des directions différentes: le flux initial de quantité de mouvement, la gravité et le courant transversal. La trajectoire d'un jet suit la direction de ce dernier et ceci est dû aux effets combinés de la composante horizontale de la quantité de mouvement et du champ de pression induit par l'interaction du jet avec l'écoulement transversal.

Keffer et Baines (1963) ont réalisé des expériences dans une soufflerie en utilisant l'anémométrie à fil chaud pour mesurer la distribution de vitesse et quelques caractéristiques de la turbulence pour des rapports de vitesses k de 2, 4, 6, 8 et 10. Ils ont trouvé que les écoulements présentent une similarité et ils ont déterminé les trajectoires des jets et la décroissance de la vitesse maximale. Etant donné que la décroissance de la vitesse est très rapide, toutes ces mesures ont été effectuées à proximité de la buse d'éjection. Kieffer et Baines ont analysé le problème par approche intégrale en adoptant un mécanisme d'entraînement basé sur la différence entre la vitesse maximale locale et la vitesse du courant transversal. Ils ont ainsi trouvé que le coefficient d'entraînement est variable et augmente avec la distance de parcours du jet.

D'autres études ont été réalisées pour déterminer les trajectoires du jet : on s'est basé dans des cas sur des relations empiriques incluant l'influence de la différence des densités initiales entre le jet et le courant transversal. A ce propos, Callaghan et Ruggeri (1948) ont réalisé des expériences dans une veine de soufflerie assez étroite avec une largeur de huit fois le diamètre du jet. Viezel et Mostinskii (1965) ont obtenu des expressions analytiques pour les trajectoires du jet en supposant que la courbure de la trajectoire est due à l'effet des forces agissant sur le jet et en assimilant ce dernier à un profil d'aile.

Priestly (1956) a travaillé sur la prédiction des trajectoires de panaches de fumées sous l'effet du vent. Il a supposé que le panache remonte verticalement, puis prend la direction du vent horizontal. Csanady (1965) a étudié le comportement d'un panache de fumée sur des grandes échelles avec les effets thermiques. Il a utilisé la technique de perturbation pour analyser le cas de l'écoulement laminaire, ce dernier pouvant être analogue au cas d'un écoulement turbulent à condition d'estimer le taux de croissance correct pour le nuage. Ses analyses ont abouti à l'apparition d'une structure de paires de vortex avec une surchauffe de 28% au centre des vortex par rapport à la température au centre du panache. Turner (1960) a analysé le comportement d'une paire de vortex flottants et il a trouvé que le taux de dispersion de ces vortex varie exponentiellement avec la hauteur. Il a aussi étudié ce cas sur un milieu ambiant linéairement stratifié.

Fan (1967) a étudié analytiquement et expérimentalement le cas d'un jet vertical dans un courant horizontal. L'étude analytique est basée sur l'approche intégrale afin de prédire le comportement du corps du jet. Les expériences ont été réalisées pour vérifier les résultats analytiques et justifier les constantes numériques introduites dans l'étude analytique. Fan n'a pas pris en considération les effets de la turbulence du milieu ambiant et de l'angle d'inclinaison du jet. Pour l'hypothèse d'entraînement, Fan a posé la relation I.1 dans laquelle il a pris en considération l'effet de la vitesse initiale du jet et la vitesse du courant:

$$\frac{dQ}{ds} = 2\pi \, \alpha \, b \left| \overline{U_j} - \overline{U_a} \right| \qquad (I.4)$$

où b est une longueur caractéristique définie à partir des profils de vitesse adoptés, $\left| \overline{U_j} - \overline{U_a} \right|$ est la norme de la différence entre les deux vecteurs vitesses et α est le coefficient d'entraînement, supposé constant, du jet dans un écoulement transversal.

Lee et Neville-Jones (1987) ont interprété des données sur la dilution initiale d'un jet flottant rond horizontal dans un écoulement transversal. Ces données concernent des mesures in-situ de la dilution en surface des rejets usés issus des émissaires marins au Royaume Uni, et aussi quelques mesures obtenues par des expériences en laboratoire. Lee et Neville-Jones

(1987) ont élaboré des équations simples pour prédire la dilution initiale minimale dans l'écoulement transversal.

Murray Rudman (1996) a réalisé une simulation numérique pour décrire en instationnaire le comportement d'un jet compressible axisymétrique injecté perpendiculairement dans un écoulement transversal. La simulation numérique a permis de faire des comparaisons avec une visualisation des vortex détectés expérimentalement. Les résultats de la simulation ont montré que le fluide de l'écoulement transversal est entraîné dans ces vortex.

Sherif et Pletcher (1998) ont étudié expérimentalement le cas de jets froids injectés dans un écoulement transversal chaud au sein d'un canal hydraulique. Les résultats ont porté sur la description du comportement du jet en relation avec le champ thermique et en fonction des profils de fluctuation des températures moyennes.

Yuan et al. (1999) ont présenté une série de simulations LES d'un jet rond injecté dans un écoulement transversal. Les simulations ont été effectuées pour deux valeurs du rapport k entre la vitesse du jet et celle de l'écoulement transversal, 2 et 3.3, et deux valeurs du nombre de Reynolds, 1050 et 2100, basées sur la vitesse de l'écoulement transversal et le diamètre du jet. Les résultats ont porté sur la description des mécanismes des structures tourbillonnaires observées par visualisations et de leur influence sur l'évolution de vitesses moyennes, les contraintes de Reynolds et l'énergie cinétique turbulente dans le plan central de l'écoulement.

Ahsan et al. (2000) ont étudié expérimentalement les effets de la pression ambiante et de la flottabilité sur la structure d'une flamme d'hydrogène injectée horizontalement dans un courant transversal vertical. Les résultats des trajectoires centrales ont montré l'existence de trois régions dans le jet, la quantité de mouvement dominant la région proche de la buse et la flottabilité dominant dans le champ lointain. En fonction du rapport de vitesses entre le jet d'hydrogène et le courant transversal de l'air, ils ont étudié la variation d'une longueur caractéristique curviligne de la flamme et ils ont conclu que l'effet de la pression sur la diffusion de concentrations (espèces) altère les longueurs de flamme.

Wegner et al. (2004) ont utilisé la méthode de simulation LES pour étudier comment le mélange turbulent peut être amélioré en changeant l'angle entre le jet et le courant transversal. Les résultats numériques de Wergner et al. ont été comparés aux mesures faites par Andreopoulos et Rodi (1984). Ils ont analysé qualitativement et quantitativement le processus du mélange pour trois configurations et ils ont montré que l'inclinaison influence les caractéristiques des structures tourbillonnaires.

Kelman et al. (2006) ont étudié expérimentalement, avec des techniques de diagnostic laser, des micro-jets dans un écoulement transversal turbulent. Ils ont évalué le mélange du jet par des rapports de quantité de mouvement, de températures et d'intensités turbulentes entre le jet et l'écoulement transversal. Kelman et al. ont trouvé que le mélange est dominé par la turbulence de l'écoulement transversal plutôt que par le rapport de quantité de mouvement. L'augmentation des températures dans le courant transversal augmente le taux de mélange.

Majander et Siikonen (2006) ont fait une simulation numérique LES d'un jet en écoulement transversal en se basant sur le rapport de vitesses entre les deux écoulements. Les résultats numériques ont été comparés avec ceux de l'étude expérimentale de Crabb et al. (1981) et ils ont porté sur la description des vortex de la couche de cisaillement créée entre le jet et l'écoulement transversal.

Cavar et al. (2012) ont présenté des résultats basés sur une simulation numérique LES d'un jet turbulent en écoulement transversal pour des nombres de Reynolds en fonction de la vitesse de l'écoulement transversal et du diamètre de jet, et pour des différentes valeurs du rapport entre les vitesses des deux écoulements. Les résultats numériques portent sur l'étude des conditions d'entraînement et d'afflux de l'écoulement, et ils ont été comparés aux mesures effectuées par la technique LDA (Anémométrie Laser Doppler) entreprises pour décrire le comportement du jet par celui de sa trajectoire et par la variation du profil de vitesse sur différentes sections.

I.6   Conclusion

Les rejets des effluents dans un milieu marin représentent un cas délicat d'écoulement de type jets. La problématique de leur dispersion dans le milieu environnant (la mer) est basée sur plusieurs facteurs dont les plus importants sont la flottabilité, la densité et les courants du milieu ambiant ainsi que l'interaction entre les effluents dans le cas des rejets à multi-diffuseurs. En tenant compte de ces facteurs et à l'issue de cette revue bibliographique, on conclut qu'étudier physiquement ce processus, revient à définir les rejets dans un milieu marin comme étant des jets flottants turbulents inclinés ou, dans la majorité des cas, horizontaux.

Il ressort de l'analyse bibliographique que malgré la richesse des travaux réalisés sur les jets/panaches, la configuration du jet flottant turbulent horizontal, libre ou pariétal, reste la moins abordée par rapport au cas des jets verticaux. Une grande partie des travaux réalisés sur ce sujet est de nature expérimentale ou analytique, l'analyse étant basée sur les hypothèses des premiers travaux sur les jets (Turner (1960) et Morton (1961)). Vu la complexité des phénomènes dont la turbulence est l'un des éléments primordiaux, la simulation numérique, surtout à grandes échelles où l'analyse expérimentale est coûteuse ou parfois impossible, s'avère être une solution d'investigation. Dans ce domaine, et celui de leur application directe sur les processus côtiers, les travaux sont relativement récents et peu nombreux et il s'avère difficile de recouper les résultats. Ainsi, l'objectif général de ce travail consistera à adopter un modèle numérique pour l'étude physique du comportement des jets flottants turbulents horizontaux, à le valider sur des cas plus délicats (dont le jet pariétal) à l'aide d'études expérimentales, afin de l'appliquer sur un cas concret à grande échelle pour mettre en évidence tous les phénomènes responsables de la dispersion des rejets via les jets dans un milieu marin.

Chapitre II: Mise en équations du modèle mathématique

« Les propositions mathématiques sont reçues comme vraies parce
que personne n'a intérêt qu'elles soient fausses. »

Montesquieu

II.1   Introduction

Ce chapitre a pour but de dresser de façon synthétique les équations qui seront utilisées pour modéliser le problème traité, à savoir le cas de la dispersion d'un polluant en milieu marin à partir d'un cours d'eau côtier ou d'un émissaire sous-marin utilisé par une station d'épuration. Ainsi que nous l'avons vu dans le chapitre précédent, ces écoulements sont tout à fait analogues à ceux engendrés par un jet turbulent débouchant dans un milieu qui peut être au repos ou en mouvement selon le type de pollution envisagé.

On présente donc d'abord la formulation des équations de conservation dans le cas général d'un mélange turbulent de deux fluides incompressibles miscibles et contenant plusieurs constituants. En appliquant la méthode de décomposition de Reynolds, des termes inconnus supplémentaires apparaissent, ce qui conduit à un système d'équations ouvert: ceci nécessite un modèle de fermeture et on présente donc ensuite le modèle k-ε, utilisé dans le cadre de ces travaux. Dans la dernière partie du chapitre, on détaille la méthode de résolution numérique de ces équations (méthode des volumes finis) et on présente l'outil numérique utilisé pour la modélisation des différents écoulements traités dans les chapitres suivants.

II.2   Equations générales de conservation

En général, les fluides sont des mélanges de plusieurs espèces. On prend donc en compte le fait que le fluide est un mélange de plusieurs espèces A, B, C, etc., de même phase thermodynamique (Williams (1985)). On se place d'abord dans le cas général d'un milieu continu, constitué d'un fluide compressible et visqueux et établissons les équations de conservation de la masse, de la quantité de mouvement, de l'énergie et des espèces:

II.2.1   Equation de conservation de la masse

Considérons une espèce A du mélange, de masse volumique ρ_A et dont la fraction massique est m_A, et notons ρ la masse volumique du mélange. On a:

$$m_A = \frac{\rho_A}{\rho} \quad \text{et} \quad \sum_A m_A = 1 \tag{II.1}$$

---

et selon le principe de la conservation de la masse totale, la production (ou destruction) des espèces en fonction du temps, notée $\dot{m}_A$, est telle que:

$$\sum_A \dot{m}_A = 0 \qquad (II.2)$$

Le bilan de conservation de l'espèce A obéit à l'équation suivante:

$$\frac{\partial \rho m_A}{\partial t} + \frac{\partial(\rho m_A u_i^A)}{\partial x_i} = \dot{m}_A \qquad i = 1, 2, 3 \text{ respectivement pour x, y et z} \qquad (II.3)$$

La vitesse moyenne u du mélange est définie par:

$$u = \sum_A m_A u^A \qquad (II.4)$$

Soit alors: $u^A = u + u_d^A$ où u_d^A est la vitesse de diffusion de l'espèce A dans le mélange. Etant donné que la somme des fractions massiques est égale à l'unité, on a:

$$\sum_A m_A u_d^A = 0 \qquad (II.5)$$

En remplaçant l'expression des vitesses (II.4) dans le bilan (II.3) on obtient:

$$\frac{\partial \rho m_A}{\partial t} + \frac{\partial(\rho m_A u_i)}{\partial x_i} = -\frac{\partial(\rho m_A u_d^A)}{\partial x_i} + \dot{m}_A \qquad (II.6)$$

Finalement, en sommant (II.6) sur l'ensemble des espèces et en se servant de (II.1), (II.2) et (II.5), on obtient la forme classique de la conservation de la masse totale:

$$\frac{\partial \rho}{\partial t} + \frac{\partial(\rho u_i)}{\partial x_i} = 0 \qquad i = 1, 2, 3 \qquad (II.7)$$

Cette équation reste valable pour le cas d'un fluide mono-constituant. Dans la suite, afin de simplifier, on omettra de préciser à chaque fois "$i=1,2,3$" dans les équations, ceci étant sous-entendu.

II.2.2   Equation de conservation de la quantité de mouvement

En appliquant le même raisonnement pour la quantité de mouvement dans le cas d'un écoulement de mélange homogène sans réaction chimique, on obtient l'équation de conservation de la quantité de mouvement:

$$\frac{\partial(\rho u_i)}{\partial t} + \frac{\partial(\rho u_i u_j)}{\partial x_j} = -\frac{\partial p}{\partial x_i} + \frac{\partial(\tau_{ij})}{\partial x_j} + \rho f_i \qquad (II.8)$$

Avec:

p: pression statique
f_i: forces de volume
τ_{ij}: tenseur des contraintes visqueuses donné dans le cadre de fluides newtoniens par:

$$\tau_{ij} = \mu \left(\frac{\partial u_i}{\partial x_j} + \frac{\partial u_j}{\partial x_i} \right) - \frac{2}{3} \mu \delta_{ij} \frac{\partial u_\ell}{\partial x_\ell} \qquad (\ell = i \text{ et } \ell = j)$$

où μ est la viscosité dynamique moléculaire du fluide et δ_{ij}: le symbole de Kronecker:

$$\begin{cases} \delta_{ij} = 1 & \text{si } i = j \\ \delta_{ij} = 0 & \text{si } i \neq j \end{cases}$$

II.2.3 Equation de conservation de l'énergie

Le bilan de l'enthalpie h dans son expression générale s'écrit sous la forme suivante:

$$\frac{\partial(\rho h)}{\partial t} + \frac{\partial(\rho u_i h)}{\partial x_i} = \frac{\partial p}{\partial t} + u_i \frac{\partial p}{\partial x_i} + \frac{\partial}{\partial x_i} \left(\lambda \frac{\partial T}{\partial x_i} \right) + \phi \qquad (\text{II.9})$$

h est l'enthalpie massique donnée en fonction de la température par:

$$h = \int_{T_{réf}}^{T} c_p \, dT$$

où $T_{réf}$ est une température de référence, prise souvent égale à $0°C$, c_p et λ étant respectivement la chaleur spécifique et la conductivité thermique du fluide. Sachant que l'équation de continuité (II.7) donne:

$$\frac{\partial(\rho u_i)}{\partial x_i} = -\frac{\partial \rho}{\partial t}$$

(II.9) devient:

$$\rho \frac{\partial h}{\partial t} + \rho u_i \frac{\partial h}{\partial x_i} = \frac{\partial p}{\partial t} + u_i \frac{\partial p}{\partial x_i} + \frac{\partial}{\partial x_i} \left(\lambda \frac{\partial T}{\partial x_i} \right) + \phi \qquad (\text{II.10})$$

ϕ est l'énergie mécanique dissipée par les frottements visqueux et s'écrit sous la forme suivante:

$$\phi = \mu \left(\frac{\partial u_i}{\partial x_j} + \frac{\partial u_j}{\partial x_i} \right) \frac{\partial u_i}{\partial x_j} - \frac{2}{3} \mu \left(\frac{\partial u_\ell}{\partial x_\ell} \right)^2 \qquad (\ell = i \text{ et } \ell = j)$$

avec, pour un fluide incompressible: $\frac{\partial u_\ell}{\partial x_\ell} = 0$. L'enthalpie h dépend du temps t et des coordonnées d'espace x_i par l'intermédiaire de T et de p (Padet (1990)), on écrit donc :

$$\begin{cases} \dfrac{\partial h}{\partial t} = \dfrac{\partial h}{\partial T} \dfrac{\partial T}{\partial t} + \dfrac{\partial h}{\partial p} \dfrac{\partial p}{\partial t} \\[2ex] \dfrac{\partial h}{\partial x_i} = \dfrac{\partial h}{\partial T} \dfrac{\partial T}{\partial x_i} + \dfrac{\partial h}{\partial p} \dfrac{\partial p}{\partial x_i} \end{cases} \qquad (\text{II.11})$$

D'autre part, c_p étant que la chaleur massique à pression constante (J/kg.K), on a:

$$\begin{cases} \dfrac{\partial h}{\partial T} = c_p \\ \dfrac{\partial h}{\partial p} = \dfrac{1}{\rho}(1 - \beta T) \end{cases} \qquad (II.12)$$

où β est le coefficient de dilatation volumique à pression constante (1/K). Si on considère que la chaleur spécifique c_p, la viscosité dynamique moléculaire μ et la conductivité thermique λ sont constantes, en introduisant les relations (II.11 et II.12) dans l'équation (II.10) on obtient:

$$\rho c_p \left(\frac{\partial T}{\partial t} + u_i \frac{\partial T}{\partial x_i} \right) = \beta T \left(\frac{\partial p}{\partial t} + u_i \frac{\partial p}{\partial x_i} \right) + \frac{\partial}{\partial x_i} \left(\lambda \frac{\partial T}{\partial x_i} \right) + \phi \qquad (II.13)$$

II.2.4   Equation de conservation des espèces

Beaucoup de phénomènes liés à la dispersion des polluants et des contaminants divers dans l'air, l'eau ou les sols sont gouvernés par des lois de type diffusion. On considère ici le cas d'un fluide composé de plusieurs constituants et ceux-ci sont soumis à un gradient de concentration. Au sein du mélange, un constituant A est l'objet d'un transfert de masse par diffusion dont le flux est proportionnel au gradient de concentration selon la loi de Fick:

$$\vec{j_A} = -D^A \frac{\partial C^A}{\partial x_i} \qquad (II.14)$$

Où C^A est la concentration molaire de l'espèce A dans le mélange La constante de proportionnalité D^A est le coefficient de diffusion moléculaire (m²/s). Pour un fluide constitué d'un mélange de plusieurs espèces, on associe à chaque espèce A une équation de conservation de masse et qui s'écrit sous la forme suivante:

$$\frac{\partial(\rho C^A)}{\partial t} + \frac{\partial(\rho u_i C^A)}{\partial x_i} = \frac{\partial}{\partial x_i} \left(\rho D^A \frac{\partial C^A}{\partial x_i} \right) \qquad (II.15)$$

II.2.5   Equations de conservation d'un écoulement incompressible

Pour un écoulement incompressible, la densité du fluide est nécessairement constante en espace et en temps. On a alors:

$$\frac{D\rho}{Dt} = \frac{\partial \rho}{\partial t} + u_i \frac{\partial \rho}{\partial x_i} = 0 \qquad (II.16)$$

Dans les résolutions numériques, la corrélation pression-vitesse est souvent négligée en incompressible. Ainsi, les équations de conservation d'un écoulement incompressible pour la masse, la quantité de mouvement, l'énergie et les espèces, s'écrivent, respectivement:

$$\frac{\partial u_i}{\partial x_i} = 0 \qquad i = 1, 2, 3 \tag{II.17}$$

$$\frac{\partial u_i}{\partial t} + u_j \frac{\partial u_i}{\partial x_j} = -\frac{1}{\rho}\frac{\partial p}{\partial x_i} + \nu \frac{\partial^2 u_i}{\partial x_j^2} + f_i \tag{II.18}$$

$$\frac{\partial T}{\partial t} + u_i \frac{\partial T}{\partial x_i} = \frac{1}{\rho c_p}\left(\beta T \frac{\partial p}{\partial t} + u_i \frac{\partial p}{\partial x_i}\right) + \alpha \frac{\partial^2 T}{\partial x_i \partial x_j} + \frac{\mu}{\rho c_p}\left(\frac{\partial u_i}{\partial x_j} + \frac{\partial u_j}{\partial x_i}\right)\frac{\partial u_i}{\partial x_j} \tag{II.19}$$

$$\frac{\partial C^A}{\partial t} + \frac{\partial (u_i C^A)}{\partial x_i} = \frac{\partial}{\partial x_i}\left(D^A \frac{\partial C^A}{\partial x_i}\right) \tag{II.20}$$

où $\alpha = \dfrac{\lambda}{\rho c_p}$ est la diffusivité thermique du fluide.

II.3 Modélisation de la turbulence à grands nombres de Reynolds

A la fin du $19^{\text{ème}}$ siècle, Boussinesq et Reynolds ont effectué les premières études sur le régime turbulent des fluides. Ces études ont révélé le caractère désordonné et non prévisible de l'écoulement ainsi que la présence de nombreuses échelles spatiales et temporelles sous forme de tourbillons. Les sources d'énergie responsables de l'apparition des structures tourbillonnaires prennent plusieurs formes: des perturbations non locales dues au gradient de pression, de température ou de densité, et des perturbations locales (rugosités de paroi, sources acoustiques extérieures, etc.) dues à des effets mécaniques, géométriques, etc. (Robinet (2009)). En ce qui concerne les applications, la turbulence est efficace pour réduire les inhomogénéités (cinématiques, massiques, etc.) au sein de l'écoulement, augmenter les transferts pariétaux, et favoriser le mélange dans les écoulements de dispersion en entraînant le fluide environnant.

La simulation directe des équations instantanées de Navier-Stokes (DNS) reste pour l'instant limitée à des écoulements à faible nombre de Reynolds et à des configurations géométriques simples voire simplistes par rapport aux applications potentielles. C'est essentiellement un outil de recherche qui permet de réaliser des expériences numériques sur des configurations académiques. Lorsqu'on s'intéresse à des écoulements réels, une alternative consiste à travailler avec le système d'équations vérifiées par les quantités moyennes. A défaut de trouver une solution instantanée non prédictible, un recours à une description statistique de la turbulence est exigé. Ces méthodes statistiques utilisent différentes moyennes: moyenne temporelle, moyenne spatiale, moyenne stochastique (calcul de probabilités), moyenne statistique ou moyenne d'ensemble. Pour ce faire, on applique la décomposition de Reynolds sur les inconnues du problème. On cherche par cet opérateur à décrire l'évolution des champs moyen et turbulent d'une part, et, d'autre part, à mettre en évidence les termes de transfert entre ces deux champs.

Les nouvelles équations obtenues sont dites équations moyennées. Dans la littérature anglo-saxonne on utilise l'acronyme RANS (Reynolds Averaged Navier Stokes) pour les équations de Navier Stokes moyennées par la décomposition de Reynolds. Les méthodes dérivées de cette approche ne sont en théorie valables que pour des écoulements en équilibre statistique, autrement dit des écoulements dont les quantités physiques caractéristiques sont des processus stochastiques stationnaires et en équilibre au sens de la théorie de Kolmogorov (1991), tels que la zone lointaine d'un sillage, d'un jet ou d'une zone de mélange par exemple.

Selon la décomposition de Reynolds (Frisch (1995)) chaque grandeur X est décomposée en une valeur moyenne $\overline{X}$ et une fluctuation X' autour de cette valeur moyenne:

$$X = \overline{X} + X' \tag{II.21}$$

II.3.1 Equations de conservation moyennées

Compte tenu de la décomposition de Reynolds pour un écoulement incompressible, on aura, pour chaque quantité (composantes de la vitesse u_i, pression p, température T et concentration C^A de l'espèce A dans le mélange):

$$u_i = \overline{u_i} + u_i'$$
$$T = \overline{T} + T' \tag{II.22}$$
$$C^A = \overline{C^A} + C^{A'}$$

et de l'hypothèse d'incompressibilité du fluide qui permet d'écrire:

$$\frac{\partial u_i'}{\partial x_i} = 0 \tag{II.23}$$

Les équations de conservation (II.17), (II.18), (II.19) et (II.20) s'écrivent alors sous la forme moyenne:

$$\frac{\partial \overline{u_i}}{\partial x_i} = 0 \qquad i = 1, 2, 3 \tag{II.24}$$

$$\frac{\partial \overline{u_i}}{\partial t} + \overline{u_j} \frac{\partial \overline{u_i}}{\partial x_j} = -\frac{1}{\rho} \frac{\partial \overline{p}}{\partial x_i} + \frac{\partial}{\partial x_j} \left(\nu \frac{\partial \overline{u_i}}{\partial x_j} - \overline{u_i' u_j'} \right) + \overline{f_i} \tag{II.25}$$

$$\frac{\partial \overline{T}}{\partial t} + \overline{u_i} \frac{\partial \overline{T}}{\partial x_i} = \frac{1}{\rho c_p} \left(\frac{\partial \overline{p}}{\partial t} + \overline{u_i} \frac{\partial \overline{p}}{\partial x_i} \right) + \frac{\partial}{\partial x_i} \left(\alpha \frac{\partial \overline{T}}{\partial x_i} - \overline{u_i' T'} \right) \tag{II.26}$$

$$\frac{\partial \overline{C^A}}{\partial t} + \frac{\partial (\overline{u_i} \overline{C^A})}{\partial x_i} = \frac{\partial}{\partial x_i} \left(D^A \frac{\partial \overline{C^A}}{\partial x_i} - \overline{u_i' C^{A'}} \right) \tag{II.27}$$

Le fait de considérer les équations de Navier-Stokes en moyenne fait apparaître des termes supplémentaires $\overline{u_i' u_j'}$, $\overline{u_i' T'}$ et $\overline{u_i' C^{A'}}$ traduisant la "perte d'information" par rapport aux équations originales définies dans un cadre stochastique: ce sont, respectivement, les corrélations doubles des fluctuations de vitesse, de température et de concentration:

$\overline{u'_i u'_j}$ sont les contraintes turbulentes appelées tensions de Reynolds

$\overline{u'_i T'}$ sont les flux thermiques turbulents

$\overline{u'_i C^A}$ sont les flux massiques turbulents

L'effet des termes de fluctuation est d'induire une agitation turbulente sur le bilan moyen de quantité de mouvement, d'énergie et de concentration et de conduire, sur le plan mathématique, à un système ouvert. Ainsi, une fermeture (généralement des relations ou équations supplémentaires) est nécessaire pour représenter les contraintes et les flux turbulents afin de pouvoir résoudre ces équations moyennées.

II.3.2   Méthodologie de fermeture des équations de conservation moyennées

Dans ce contexte, les contraintes turbulentes sont des quantités déterministes qui peuvent être évaluées par différentes approches. D'un point de vue général, deux stratégies peuvent sont possibles pour la représentation de ces termes :

- Une simulation des termes du type $\overline{u'_i u'_j}$ en tant que variables supplémentaires du système physique, via des équations aux dérivées partielles spécifiques: ceci correspond à l'approche dite au second ordre,

- Une modélisation des contraintes turbulentes via une loi constitutive algébrique relative aux grandeurs moyennes qui, elle, conduit à une approche au premier ordre. L'utilisation d'une loi constitutive pour représenter les tensions de Reynolds implique néanmoins dans la plupart des cas la résolution d'équations aux dérivées partielles supplémentaires. Ces dernières sont utilisées pour l'évaluation locale des échelles caractéristiques de la turbulence à modéliser.

Bien qu'ils ne puissent fournir autant d'informations que la simulation numérique directe (DNS) ou la simulation des grandes échelles (LES), les modèles de turbulence permettent de traiter des problèmes complexes. Il semble même que pour un certain nombre d'applications dans l'industrie, on préfère quelquefois investir dans un modèle statistique instationnaire, avec tous les aléas théoriques que cela comporte, plutôt que dans une LES plus difficile à mettre en œuvre. Deux grandes classes de modèles se sont imposées, et sont maintenant disponibles dans les codes de calcul industriels:

- Les modèles à viscosité turbulente (modèles du premier ordre) basés sur l'hypothèse de Boussinesq qui consiste à exprimer les contraintes de Reynolds par analogie avec le tenseur des contraintes visqueuses τ. Ces modèles sont le modèle k-ε (Jones et

Launder (1972), Launder et Spalding (1974)) avec ses nombreuses variantes comme les modèles k-ω, k-ℓ,... adaptés à différents types de calculs (en compressible, en combustion, etc.)

- Les modèles du second ordre: Les tensions de Reynolds sont calculées directement, la modélisation se portant donc sur des moments d'ordre supérieur. La mise en œuvre est plus délicate par rapport aux modèles du premier ordre mais les résultats sont de meilleure qualité.

Classiquement, les modèles de turbulence sont classés en fonction du nombre d'équations supplémentaires à résoudre pour fermer le problème. On considère ainsi les modèles de type longueur de mélange ou à zéro équation, dans lesquels la viscosité turbulente v_t est simplement fournie par une relation algébrique. Sachant par ailleurs qu'il faut deux échelles pour construire, typiquement $v_t \sim u \times l$, on constate que les modèles les plus généraux sont les modèles à au moins deux équations, le plus connu étant le modèle k-ε.

II.3.2.1 Modèles du premier ordre à deux équations : les modèles k-ε

A l'aide de relations purement algébriques, il est difficile de pouvoir traduire correctement et de façon "universelle" les propriétés turbulentes d'écoulement complexes: tridimensionnels, avec décollement, etc. Pour surmonter cette limitation, il faut prendre en considération des modifications des caractéristiques de l'agitation turbulente en liant celles-ci à l'évolution d'au moins d'une grandeur transportable. C'est dans cette optique que furent proposés les modèles dits "à une équation", la grandeur concernée étant en général représentative d'une échelle de vitesse des fluctuations turbulentes. En fait, le gain est fort limité dans la mesure où l'échelle de longueur reste toujours prescrite de façon algébrique, de sorte que ces modèles ont très vite été supplantés par les modèles dits "à deux équations" en résolvant une équation de transport supplémentaire : c'est la classe des modèles du premier ordre à deux équations qui se basent en général sur le concept de la viscosité turbulente, introduit par Boussinesq en 1877. Cette hypothèse consiste à exprimer le tenseur des contraintes de Reynolds par analogie avec le tenseur des contraintes visqueuse v_t. On pose ainsi:

$$-\overline{u_i' u_j'} = v_t \left(\frac{\partial \overline{u_i}}{\partial x_j} - \frac{\partial \overline{u_j}}{\partial x_i} \right) - \frac{2}{3} k \delta_{ij} \qquad (II.28)$$

où $k = \frac{1}{2} \overline{u_i' u_j'}$ désigne l'énergie cinétique turbulente et v_t est la viscosité cinématique turbulente: v_t est considérée comme étant proportionnelle à une vitesse caractéristique du mouvement fluctuant et à une longueur caractéristique appelée longueur de mélange ($v_t \sim u \times l$).

Les modèles k-ε font partie de cette catégorie de modèles à deux équations de transport. Ainsi, l'approche consiste à représenter les propriétés de la turbulence à l'aide d'échelles de vitesse et de longueur caractéristiques des fluctuations. L'échelle de la vitesse est obtenue par l'intermédiaire de l'énergie cinétique turbulente k alors que celle de longueur

---

26

s'obtient par la définition d'une nouvelle équation de transport portant sur le taux de dissipation de l'énergie cinétique turbulente ε. Ce taux de dissipation est relié, par l'intermédiaire de l'hypothèse de l'unicité de l'échelle de temps, à l'échelle de longueur ℓ par:

$$\varepsilon = \frac{k^{3/2}}{\ell}$$

Pour un écoulement turbulent pleinement développés à grands nombres de Reynolds, les équations de l'énergie cinétique turbulente k et de son taux de dissipation ε sont respectivement:

$$\frac{\partial k}{\partial t} + \overline{u_j}\frac{\partial k}{\partial x_j} = v_t\left(\frac{\partial \overline{u_i}}{\partial x_j} + \frac{\partial \overline{u_j}}{\partial x_i}\right)\frac{\partial \overline{u_i}}{\partial x_j} + \frac{\partial}{\partial x_j}\left(\frac{v_t}{\sigma_k}\frac{\partial k}{\partial x_j}\right) - \varepsilon \tag{II.29}$$

$$\frac{\partial \varepsilon}{\partial t} + \overline{u_j}\frac{\partial \varepsilon}{\partial x_j} = C_{\varepsilon1}v_t\frac{\varepsilon}{k}\left(\frac{\partial \overline{u_i}}{\partial x_j} + \frac{\partial \overline{u_j}}{\partial x_i}\right)\frac{\partial \overline{u_i}}{\partial x_j} - C_{\varepsilon2}\frac{\varepsilon^2}{k} + \frac{\partial}{\partial x_j}\left(\frac{v_t}{\sigma_\varepsilon}\frac{\partial \varepsilon}{\partial x_j}\right) \tag{II.30}$$

avec: $v_t = C_\mu\dfrac{k^2}{\varepsilon}$. Dans ces équations apparaissent des constantes empiriques qui prennent les valeurs suivantes pour le modèle k-ε standard (Schiestel (1999)):

C_μ	$C_{\varepsilon1}$	$C_{\varepsilon2}$	σ_k	σ_ε
0.09	1.44	1.92	1	1.3

Tab. II.1. *Valeurs des constantes empiriques du modèle k-ε standard*

En faisant le même raisonnement que ci-dessus pour modéliser les tensions de Reynolds $\overline{u_i'u_j'}$, une diffusivité thermique turbulente est introduite pour modéliser les flux thermiques turbulents en fonction du gradient de température moyenne:

$$-\overline{u_i'T'} = -\frac{v_t}{\text{Pr}_t}\overline{T}_i \tag{II.31}$$

où Pr_t est le nombre de Prandtl turbulent. Dans la plupart des modèles à deux équations, ce nombre est constant mais il ne prend pas la même valeur pour tous les types d'écoulement, par exemple, selon Gibson et Launder (1978):

- pour un jet libre: $\text{Pr}_t = 0.67$
- pour un jet pariétal: $\text{Pr}_t = 0.92$

et selon Schiestel (1999):

- pour un jet plan: $\text{Pr}_t = 0.5$
- pour un jet circulaire: $\text{Pr}_t = 0.7$

De la même manière, pour les corrélations $\overline{u_i' C^{A'}}$, et par analogie avec le modèle de viscosité turbulente, la modélisation la plus simple consiste à introduire une diffusivité massique turbulente D_t telle que:

$$-\overline{u_i' C^{A'}} = -D_t \frac{\overline{\partial C^A}}{\partial x_i} \tag{II.32}$$

Cette hypothèse de diffusivité turbulente consiste à supposer que le flux turbulent de masse de l'espèce a même direction que le gradient de fraction massique moyenne. On appelle nombre de Schmidt turbulent le rapport de la viscosité cinématique turbulente v_t à la diffusivité turbulente D_t:

$$Sc_t = \frac{v}{D_t} \tag{II.33}$$

Il est généralement possible de supposer que le nombre de Schmidt turbulent est constant, et de l'ordre de l'unité (Viollet et al. (1998)).

II.3.2.2 Modèles du second ordre RMS

Dans les modèles de turbulence au second ordre, dits à contraintes algébriques, on ne résout pas directement le tenseur de Reynolds, mais son équation de transport moyennant des corrélations statistiques. Dans les modèles au premier ordre, l'anisotropie de la turbulence est contrainte par l'hypothèse de viscosité turbulente. Ce n'est plus le cas pour une fermeture au second ordre, de sorte que ce niveau de fermeture est a priori mieux à même de représenter l'anisotropie de la turbulence et permet de ne pas surestimer l'énergie cinétique dans le cas de forts cisaillements. Le modèle RMS (Reynolds Stress Model) est le modèle turbulent classique le plus complexe. Il utilise le taux de dissipation de l'énergie cinétique turbulente afin de calculer la destruction de la turbulence et fournit davantage d'informations sur les forces turbulentes. Cependant, la complexité des termes sources inconnus peut apporter beaucoup d'incertitude au modèle. De plus, le coût de calcul reste très élevé et pour des écoulements où l'anisotropie est peu importante, ils n'apportent pas d'amélioration notable.

C'est pourquoi, dans notre travail, on se limitera au cadre des fermetures au premier ordre mais pour plus de détails sur l'approche du second ordre on pourra se référer aux ouvrages ou articles suivants : Hanjalic et Launder (1972), Lumley (1978), Gatski et Speziale (1993) et, Speziale et Gatski (1997).

II.4 Méthode de résolution numérique des équations de conservation

Les équations différentielles décrivant les lois de conservation peuvent toutes être écrites sous la forme générale suivante:

$$\frac{\partial}{\partial x_i}(\rho u \phi) = \frac{\partial}{\partial x_i}\left(\Gamma_\phi \frac{\partial \phi}{\partial x_i}\right) + S_\phi \qquad \text{(II.34)}$$

ϕ : fonction (variable dépendante) générale qui peut être par exemple la vitesse u, l'énergie cinétique de turbulence k et son taux de dissipation ε, la température, la concentration.

Γ_ϕ : coefficient de diffusion de la propriété ϕ,

S_ϕ : terme de source.

La discrétisation des équations (II.34) permet de les transformer en équations algébriques et donner à ces fonctions des valeurs à des points discrets, les nœuds, choisis dans une grille numérique qui subdivise le domaine de l'écoulement en mailles. La procédure de discrétisation fait des approximations des diverses dérivées spatiales. Il peut y avoir différentes approches (éléments finis, volumes finis, ...). Après discrétisation, les équations algébriques relatives à la fonction ϕ se présentent sous la forme:

$$A_P \phi_P = \sum_{nb} A_{nb} \phi_{nb} + S_\phi \qquad \text{(II.35)}$$

A_P et A_{nb} sont des coefficienst où les indices nb font référence aux cellules adjacentes à celles contenant le point P.

La méthode des volumes finis est la plus utilisée pour l'étude des phénomènes liés à la dynamique des fluides (Patankar (1980)), car elle possède des qualités qui en font l'une des plus adaptées à l'étude des écoulements turbulents. Elle permet de traiter des équations comportant des termes sources complexes et non-linéaires. De plus, elle a l'avantage de satisfaire la conservation de la masse sur chaque volume de contrôle. Enfin, elle peut être utilisée avec des maillages relativement grossiers, ce qui permet la mise en œuvre de code pour un coût raisonnable.

II.4.1 Discrétisation des équations par la méthode des volumes finis

Dans la méthode des volumes finis, le domaine de calcul est divisé en un nombre fini de sous domaines élémentaires, appelés volumes de contrôle. Le processus de discrétisation consiste à intégrer dans chaque volume de contrôle les équations différentielles régissant l'écoulement. Celles-ci sont discrétisées à l'aide d'un schéma implicite afin d'obtenir un système d'équations algébriques. Les termes de convection sont interpolés à partir des valeurs au centre sur chaque face du volume de contrôle suivant un schéma "upwind" et la discrétisation des termes de diffusion s'effectue par un schéma centré du deuxième ordre. Toutes les variables de l'écoulement sont stockées au centre des mailles et les quantités à évaluer sur les faces sont reconstruites par la méthode d'interpolation de Rhie et Chaw (1983). Ainsi, la discrétisation de l'équation (II.35) nécessite la subdivision du domaine de calcul en petits volumes de contrôle tels que chaque nœud est entouré par un seul volume de contrôle (Fig. II.1) et dans lesquels l'équation (II.35) est intégrée.

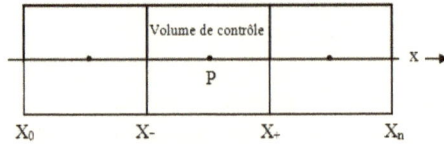

Fig. II.1. *Arrangement des volumes de contrôle*

L'intégration de cette équation entre les frontières X_- et X_+ du volume de contrôle donne :

$$[(\rho u \phi)_+ - (\rho u \phi)_-] = \left(\Gamma_\phi \frac{\partial \phi}{\partial x} \right)_+ - \left(\Gamma_\phi \frac{\partial \phi}{\partial x} \right)_- + \int_{x-}^{x+} S_\phi dx \qquad (II.36)$$

La dernière équation est une équation "intégro-différentielle" exacte qui exprime un bilan entre les flux convectifs et les flux diffusifs, la source et le taux d'accumulation en volume intégré. Ceci montre bien le caractère conservatif de l'approche des volumes finis. Pour le terme source $S_\phi=0$, il est clair que le flux sortant de la face d'un volume de contrôle représente le flux entrant dans le volume de contrôle voisinant. D'où le principe de la conservation tout le long du domaine de calcul. L'équation (II.36) se généralise aux autres composantes (Y et Z).

II.4.1.1 *Schéma de discrétisation centré*

Ce schéma permet d'exprimer les flux de convection et de diffusion le long des faces du volume de contrôle en fonction des valeurs des scalaires aux nœuds avoisinants. Pour cela, la variation de $\phi\ (x)$ est supposée uniforme, linéaire ou polynomiale. Pour une variation linéaire entre les nœuds, $\phi\ (x)$ peut être exprimée par les relations:

$$\phi(x) = \phi_i - \frac{\phi_{i+1} - \phi_i}{x_{i+1} - x_i}(x - x_i) \qquad \text{si} \quad x_i < x < x_{i+1}$$

ou:
$$\qquad\qquad\qquad\qquad\qquad\qquad\qquad\qquad\qquad\qquad\qquad\qquad (II.37)$$

$$\phi(x) = \phi_{i-1} - \frac{\phi_i - \phi_{i-1}}{x_i - x_{i-1}}(x - x_{i-1}) \qquad \text{si} \quad x_{i-1} < x < x_i$$

Les faces X_+ et X_- du volume de contrôle sont situées à mi distance entre les noeuds x_{i+1}, x_i, x_{i-1}. Donc pour ρ constante, les flux de convection et de diffusion de l'équation (II.36) peuvent s'écrire sous la forme suivante :

$$(\rho u \phi)_+ = \rho u_+ \frac{\phi_{i+1} - \phi_i}{2} \qquad ; \qquad (\rho u \phi)_- = \rho u_- \frac{\phi_i - \phi_{i-1}}{2}$$

et
$$\qquad\qquad\qquad\qquad\qquad\qquad\qquad\qquad\qquad\qquad\qquad\qquad (II.38)$$

$$\left(\Gamma_\phi \frac{\partial \phi}{\partial x} \right)_+ = \Gamma_{\phi+} \frac{\phi_{i+1} - \phi_i}{\Delta x_+} \qquad ; \qquad \left(\Gamma_\phi \frac{\partial \phi}{\partial x} \right)_- = \Gamma_{\phi-} \frac{\phi_i - \phi_{i-1}}{\Delta x_-}$$

Si on considère que la vitesse u et le coefficient de diffusion de ϕ sont constants, et pour un maillage uniforme (Δx constant), après certains réarrangements l'équation (II.38) s'écrit:

$$\frac{\rho u}{2}[\phi_{i+1} - \phi_{i-1}] = \frac{\Gamma_\phi}{\Delta x}(\phi_{i+1} - 2\phi_i + \phi_{i-1})$$

(II.39a)

soit encore:

$$\left(\frac{2\Gamma_\phi}{\Delta x}\right)\phi_i = \left(\frac{\Gamma_\phi}{\Delta x} + \frac{\rho u}{2}\right)\phi_{i-1} + \left(\frac{\Gamma_\phi}{\Delta x} - \frac{\rho u}{2}\right)\phi_{i+1}$$

(II.39b)

Notons que cette équation est écrite sous la forme générale suivante:

$$a_0 \phi_i = a_1 \phi_{i-1} + a_2 \phi_{i+1}$$

(II.40)

Les coefficient a_j tiennent compte des effets des flux de convection et de diffusion du scalaire ϕ. L'introduction du nombre adimensionnel dit "Peclet de maille" et défini par : $Pe = \frac{\rho u \Delta x}{\Gamma_\phi}$ permet d'examiner la convergence de la solution numérique.

II.4.1.2 *Schéma de discrétisation amont "upwind"*

Le schéma centré prend en compte les directions suivant lesquelles existe un gradient de la quantité diffusée. Pour la discrétisation des termes de convection, c'est la direction de l'écoulement qui doit être prise en considération. Ainsi, le schéma centré peut créer des équations algébriques avec des instabilités numériques qui sont du point de vue physique non réalistes. La solution consiste donc à utiliser des approximations sous forme de distributions polynomiales dont la formulation la plus utilisée est appelée « upwind ». Ce schéma est basé sur des points d'interpolation situés au centre d'une face sur laquelle on veut déterminer le flux convectif et on admet que la valeur de ce flux est égale à celle du nœud. Il part du principe que c'est la valeur de la variable en amont qui conditionne la valeur au nœud de calcul, et ceci d'autant plus vrai que la convection sera importante.

Dans le schéma upwind, les valeurs discrétisées de ϕ sur les faces X_+ et X_- du volume de contrôle, sont exprimées en fonction des valeurs de ϕ dans les nœuds voisins:

Pour des vitesses convectives positives (u>0):

$$\phi_- = \phi_{i-1}$$
$$\phi_+ = \phi_i$$

Pour des vitesses convectives négatives (u<0):

$$\phi_- = \phi_i$$
$$\phi_+ = \phi_{i+1}$$

Dans le cas du schéma centré, l'équation algébrique (II.39.a) admet une solution exacte qui s'écrit:

$$\phi_i = C_1 + C_2 \underbrace{\left(\frac{2 + Pe}{2 - Pe}\right)^i}_{\xi}$$ (II.41)

où C_1 et C_2 sont des constantes déterminées par les conditions aux limites. D'après cette solution, pour $Pe > 2$ le terme entre parenthèses est négatif, et selon la parité de la puissance, le terme ζ est positif ou négatif, entraînant des oscillations dans la solution. Afin d'éviter ces instabilités, on peut faire en sorte que le nombre de Peclet Pe ait des valeurs inférieures à 2. Ainsi, le schéma upwind est imposé avec une solution exacte de l'équation (II.39.a) sous la forme:

$$\phi_i = C_1 + C_2 \underbrace{(1 + Pe)^i}_{\xi}$$ (II.42)

dans laquelle le terme ζ est toujours positif quelque soit la valeur du nombre de Peclet.

II.4.2 Outil de résolution numérique des équations de conservation: Code de calcul CFD Fluent

A l'heure actuelle, il existe un certain nombre de codes industriels conviviaux permettant la prédiction d'écoulement fluides par la résolution des équations de Navier-Stokes avec la méthode des volumes finis, des différences finies ou des éléments finis. Dans ce travail, on utilise le code de calcul commercial CFD Fluent commercialisé par "Fluent Incorporated" dans sa version 12.1.4. C'est un code écrit avec le langage de programmation C qui utilise pleinement la flexibilité et la puissance offertes par ce langage (allocation de la mémoire dynamique). En outre, il utilise une architecture parallèle qui lui permet d'exécuter plusieurs processus simultanés sur le même poste de travail ou sur des postes séparés, pour une exécution plus efficace.

Ce code de calcul permet la simulation, la visualisation et l'analyse des écoulements fluides, compressibles ou incompressibles, impliquant des phénomènes physiques complexes tels que la turbulence, le transfert thermique, les réactions chimiques, les écoulements multiphasiques... etc. Il présente l'avantage de pouvoir créer des sous-programmes (UDF: User Defined Functions) en langage C dans le but de spécifier des options trop compliquées pour être prévues par le logiciel. Sur le plan physique, ces UDF permettent, par exemple, de spécifier des conditions initiales et aux limites, d'ajouter des termes sources à certaines équations, de modifier des lois de comportement au niveau des parois. Sur le plan numérique, elles rendent également possible la spécification d'une grille variant avec le temps, la modification des schémas de résolution, le contrôle et l'optimisation de la convergence au cours des itérations. Par ailleurs, comme il apparaît difficile de décrire précisément des géométries très complexes en utilisant des maillages orthogonaux, la grande particularité de Fluent est de reposer sur une structure multi-blocs (Fig. II.2):

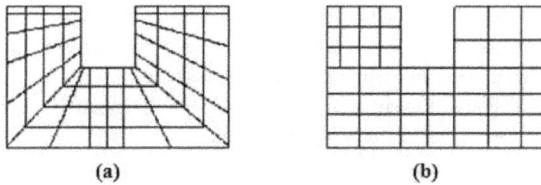

(a)　　　　　　　　　　　　　　(b)

Fig. II.2. *Structure du maillage: (a) maillage structuré et (b) maillage structuré par blocs*

Fluent présente une flexibilité du choix des schémas de discrétisation pour chaque équation de conservation. Les équations discrétisées et les conditions initiales et aux limites, sont résolues par la méthode itérative de Gauss-Seidel. Les couches limites turbulentes ne sont pas explicitement calculées et sont modélisées par la méthode des fonctions de paroi de Launder et Spalding (1974).

II.4.2.1 Schémas de discrétisation

Sous Fluent, il est possible de choisir entre différents schémas de discrétisation pour les termes convectifs des équations gouvernantes, alors que les termes visqueux sont automatiquement discrétisés au second ordre pour plus de précision. Il reste que la discrétisation au premier ordre procure une meilleure convergence, mais le schéma de différences arrière au second ordre ("Second Order Upwind Scheme") est de rigueur pour les directions du maillage ne correspondant pas au sens de l'écoulement (Guide Fluent (2001)).

Il existe aussi d'autres schémas de discrétisation:

- Le schéma "QUICK" (Quadratic Upwind Interpolation for Convective Kinetics): il procure une meilleure précision que le schéma au second ordre pour les écoulements rotationnels et tourbillonnaires ("Swirling") avec un maillage régulier. Cependant, il ne s'applique pas à un maillage triangulaire.
- Le schéma "Power Law" est plus précis que le "First Order Upwind Scheme" pour les écoulements à très bas nombres de Reynolds (Re<5). Sinon, il procure en général le même degré de précision.

II.4.2.2 Choix du schéma d'interpolation de la pression

Pour la plupart des cas, le schéma "Standard" est acceptable. Pour des écoulements spécifiques, on peut choisir parmi les options suivantes :

- Le schéma force de volume pondéré (Body-Force-Weighted) est recommandé pour les écoulements impliquant d'importantes forces de volume (Par exemple: convection naturelle à haut nombre de Rayleigh).
- Le schéma "PRESTO" (Pressure Staggering Option) est approprié pour les écoulements hautement tourbillonnaires, à grande vitesse de rotation ou les

33

écoulements dans des domaines fortement courbés.

- Le schéma au second ordre est à utiliser pour les écoulements compressibles et pour améliorer la précision en écoulements incompressibles.

- Le schéma linéaire "Linear" est disponible comme alternative au cas où les autres options ont des difficultés de convergence ou génèreraient des comportements non physiques.

II.4.2.3   Choix de la méthode de couplage Pression-Vitesse

Si les vitesses sont définies aux nœuds d'un volume de contrôle ordinaire (comme les autres scalaires: pression, température, etc.), il est démontré qu'un champ de pression hautement non uniforme agira comme un champ uniforme sur les équations de quantité de mouvement discrétisées (Versteeg et Malalasekera (2007)). La solution passe par la définition des vitesses sur une grille décalée "Staggered grid" et l'emploi d'algorithmes tels que "SIMPLE" pour résoudre ce lien ou couplage entre la pression et la vitesse. La famille des algorithmes "SIMPLE" est essentiellement une procédure "d'estimation et correction" pour le calcul de la pression sur la "grille décalée" des composantes de la vitesse.

Fluent propose trois méthodes pour le couplage pression-vitesse:

- Les deux premières, très similaires, sont la méthode "SIMPLE" (Semi-Implicit Method for a Pressure Linked Equations) et la méthode "SIMPLEC" (SIMPLE Consistent). Cette dernière méthode se différencie de la première par le fait qu'on peut lui assigner un facteur de relaxation (correction) de pression proche de 1, ce qui accélère la convergence dans la plupart des cas, mais peut conduire à des instabilités de la solution.

- Méthode "PISO" (Pressure-Implicit with Splitting of Operators): Cette méthode fait partie des algorithmes de la famille "SIMPLE". Elle est recommandée pour les écoulements instationnaires ou pour les maillages contenant des cellules très obliques "highly skewed".

II.4.2.4   Critère de convergence

Si les équations de transport discrétisées (II.35) sont résolues exactement, les deux membres de ces équations seront évidemment égaux. Cependant, puisque les équations associées sont non linéaires, couplées et nécessitent une solution itérative, un déséquilibre ou résidu peut exister entre les deux membres de l'équation discrétisée. Le résidu pour la variable ϕ dans chaque volume de contrôle est défini comme suit :

$$R_\phi = A_P \phi_P - \sum_P A_{nb} \phi_{nb} - S_\phi$$

(II.43)

La convergence de la résolution itérative est contrôlée par l'évolution des résidus au cours des itérations ainsi que par l'évolution des valeurs individuelles de chaque variable. Le critère de l'arrêt du calcul est basé sur la somme des résidus normalisés sur l'ensemble des points du domaine de calcul. Ce critère est donc défini par l'expression:

$$\left| \frac{\sum_P (A_{nb}\phi_{nb} - S_\phi)}{\sum_P A_P \phi_P} \right| < \varepsilon_\Phi \qquad \text{(II.44)}$$

avec ε_Φ est une précision choisie. Fluent recommande une valeur de 10^{-6} pour la température et la concentration et 10^{-3} pour les autres grandeurs.

II.4.2.5 *Stabilité numérique*

La sous-relaxation est nécessaire pour assurer la convergence totale des calculs sur une solution, parce que les équations sont fortement couplées et non linéaires. Lorsque des valeurs appropriées de sous-relaxation sont utilisées, on évite de grandes variations sur les variables dépendant de ces facteurs. En outre, c'est un moyen pour harmoniser les taux de convergence des diverses équations. Les deux principales sources d'instabilité de la solution des équations sont ainsi commandées par la technique de sous-relaxation.

Dans le code Fluent, la méthode de Gauss-Seidel est contrôlée par un coefficient de sous-relaxation :

$$\phi^{(k)} = \phi^{(k-1)} + \alpha_r \Delta\phi \qquad \text{(II.45)}$$

où *(k)* représente l'avancement des itérations successives, et $\Delta\phi$ la différence entre les résultats des deux itérations successives *(k-1)* et *(k)*. Le code Fluent des choix de valeurs de ces facteurs de relaxation pour une large gamme d'écoulements, ce qui permet d'agir en cours de calcul sur la rapidité de la convergence. Cette opération doit cependant être effectuée prudemment, surtout le facteur de relaxation concerne l'équation de continuité.

II.5 Conclusion

Dans ce chapitre, on a présenté la formulation des équations générales des écoulements turbulents et incompressibles qu'on propose de modéliser dans la suite. Une attention particulière a été accordée à la turbulence en considérant les problèmes physiques et numériques mis en jeu, ceci afin de pouvoir poser les critères nécessaires pour la simulation de ces écoulements avec le code de calcul Fluent.

Afin de vaincre les difficultés liées aux fluctuations turbulentes, on a proposé la formulation des modèles à grands nombre de Reynolds qui calculent les grandeurs caractéristiques de l'écoulement en dehors de la sous couche. Dans ce cadre, une plus grande attention a été accordée aux modèles à deux équations k-ε à grands nombres de Reynolds puisque ce sont ceux qui sont utilisés dans ce travail.

L'étape suivante consiste à adapter les équations et les modèles présentés dans ce chapitre pour résoudre numériquement et valider expérimentalement le cas d'un jet flottant turbulent horizontal en non-Boussinesq. On prendra comme exemple le cas d'un jet de mélange d'air et d'hélium débouchant dans de l'air.

On abordera enfin dans le dernier chapitre (chapitre IV) les résultats relatifs à la pollution de la baie de Tanger, qui représente un cas d'émission de polluants différent par rapport au problème l'émissaire. Il s'agira en effet de modéliser un jet débouchant dans un milieu en mouvement, en surface libre.

Chapitre III: Étude numérique et expérimentale de d'un jet flottant turbulent horizontal issu de l'émission d'un mélange air-hélium dans un milieu statique et homogène d'air

« Quand on regarde un écoulement turbulent, même en instantané, sur une photo, ce que l'on voit est autrement plus fascinant que le chaos total obtenu,... »

Uriel Frisch

III.1   Introduction

Un grand nombre de rejets urbains et industriels sont déchargés dans les rivières, les lacs, les mers ou l'atmosphère. Ces rejets se diluent au fur et à mesure qu'ils se mélangent avec le fluide environnant. La plupart d'entre eux sont sous forme de jets ou panaches, le fluide étant injecté via un orifice (buse) dans un milieu environnant similaire (injection de gaz dans un milieu gazeux ou d'un liquide dans un autre liquide). Les jets et les panaches, en particulier s'ils sont turbulents, permettent l'entraînement de larges volumes du fluide environnant et une dilution initiale rapide. Les décharges sont considérées comme des jets flottants quand ils sont issus d'une source de quantité de mouvement et de flottabilité, cette dernière étant due à la différence de densité ou de température entre le fluide du jet et celui du milieu ambiant.

Bien que ce ne soit pas la solution idéale - qui consisterait simplement à rejeter un fluide "propre" -, on peut envisager, pour minimiser l'impact sur l'environnement à proximité des points de rejets, de travailler sur les structures et les configurations des jets et panaches turbulents émis afin d'améliorer la dilution initiale de l'effluent. Dans la littérature, le mélange du jet avec le milieu ambiant a été examiné pour différentes conditions géométriques et en fonction du fluide ambiant (par exemple: Fischer et al. (1979) et Wood et al. (1993)).

Les jets flottants (ou panaches forcés) turbulents horizontaux se forment quand un jet continu d'un fluide léger est injecté horizontalement via un orifice dans un milieu ambiant plus dense. Ces jets prennent une forme courbée sous l'effet combiné de la gravité et de la composante horizontale de la quantité de mouvement initiale. Ainsi, la trajectoire du jet devient un élément essentiel à déterminer parmi les caractéristiques du problème.

On rencontre fréquemment ce type d'écoulement dans la nature et en ingénierie, par exemple les rejets d'eaux usées dans la mer via les émissaires sous-marins (Rawn et al. (1961) et Brooks (1965 & 1966)), l'amélioration de la qualité des eaux par un mélange forcé dans des réservoirs (Larson et Jönsson (1994), McClimans et Eidnes (2000)), les panaches hydrothermaux résultant des apports thermiques et chimiques des sources chaudes sous-marines dans les océans, l'éruption volcanique (Kieffer et Sturtevant (1984)), le remplacement des combustibles fossiles par des jets d'hydrogène pour l'étude des processus de combustion dans l'air (El-Amin et Sun (2012)) et la climatisation avec les "offset jets" (Baines et al. (1990)).

L'étude de la remontée des jets à partir d'une source de flottabilité et de quantité de mouvement a fait l'objet de plusieurs études analytiques et expérimentales. Morton et al. (1956) se sont basés sur la théorie d'entraînement turbulent de Taylor (1945) pour déduire une théorie sur les panaches issus d'une source de flottabilité, mais uniquement dans le cas d'une émission verticale, les directions de la gravité et de la quantité de mouvement étant alors confondues. Morton (1959,1961) a développé cette étude pour le cas d'un jet vertical issu d'une source de flottabilité, de masse et de quantité de mouvement.

Lane Serff et al. (1993) ont réalisé des analyses pour le cas d'un panache forcé incliné dans un milieu ambiant statique et homogène en se référant aux hypothèses de Taylor (1945) et Morton (1956,1959,1961). D'autres travaux analytiques et expérimentaux sur ce thème ainsi que sur celui des jets turbulents flottants horizontaux ont été développés et dont les résultats ont été rappelés dans le chapitre I, section 4. La grande majorité des ces travaux concerne les jets flottants dans le cadre de l'approximation de Boussinesq (1903) qui demeure un cas particulier puisque le gradient de densité entre le fluide du jet et celui du milieu ambiant est faible ou modéré. Un jet flottant est dit "non-Boussinesq" si le rapport $\Delta\rho_0/\rho_a = (\rho_a-\rho_0)/\rho_a$ est grand, ρ_0 étant la densité du jet à la source et ρ_a la densité du milieu ambiant. D'après Crapper et Baines (1977), l'application de l'approximation de Boussinesq est limitée à un rapport tel que $\Delta\rho_0/\rho_a \leq 0.05$, mais, pour généraliser cette approximation, Swain et al. (2003) ont proposé une condition telle que $\Delta\rho_0/\rho_a \ll 1$ pour les panaches d'un fluide léger injecté dans un milieu ambiant de fluide plus dense. En dehors de cette condition, l'approximation de Boussinesq n'est plus valable et une équation de densité doit être prise en considération. Parmi les études qui ont abordé la nature des panaches non-Boussinesq, on cite par exemple: Woods (1997) et Carlotti et Hunt (2005).

Partant du fait que la configuration d'un jet flottant horizontal a été moins abordée, même numériquement, dans la littérature pour des applications à turbulence et flottabilité importantes, le but de ce chapitre est reconsidérer les différentes hypothèses et observations des travaux précédents au travers d'une étude numérique et expérimentale en non-Boussinesq d'un jet flottant turbulent rond et horizontal de mélange air-hélium injecté dans un milieu statique et homogène d'air. En se basant sur les équations de conservation et le modèle de turbulence k-ε standard développés dans le chapitre II, la simulation numérique porte sur l'étude en régime stationnaire pour des nombres de Froude Fr variant de 30 à 300 et des nombres de Reynolds Re compris entre 2000 et 6000. Le modèle numérique est validé par une série d'expériences de visualisation de l'écoulement du jet pour différentes conditions initiales: vitesse d'injection à la source, diamètre de la buse et gradient de densité initial. Les résultats comparent les valeurs numériques et expérimentales des limites du panache, des trajectoires centrales et du rayon du jet. La densité du mélange sur la trajectoire centrale est déterminée numériquement.

III.2 Modélisation mathématique du problème

III.2.1 Hypothèses générales

Soit un jet de fluide incompressible, de section circulaire, débouchant dans une atmosphère constituée d'un fluide plus dense. Les dimensions de la buse sont très réduites vis-à-vis celles du milieu ambiant. Les paramètres qui caractérisent le jet à la source, c'est-à-dire en sortie de buse sont le diamètre de celle-ci, la vitesse d'injection, supposée uniforme, et le gradient de densité initial entre le jet et le fluide ambiant. L'écoulement est tridimensionnel, turbulent et stationnaire en moyenne. Le jet est formé d'un mélange à deux constituants non réactifs: l'air et l'hélium. La température du domaine est maintenue constante de sorte que la densité du mélange à la source soit fonction uniquement de la concentration massique des deux constituants. Le jet de mélange air-hélium injecté en milieu statique et homogène d'air, fait partie des écoulements "non-Boussinesq" où à 15°C le gradient de densité initial $\Delta \rho_0 / \rho_a$ est égal à 0.86. El-Amin et al. (2010) ont étudié le cas d'un jet vertical "non-Boussinesq" d'hydrogène injecté dans un milieu ambiant plus dense et ils ont exprimé la densité du mélange ρ en fonction de la concentration de la fraction massique C[kg/kg].

Tout d'abord, la densité du mélange ρ est fonction de la concentration de fraction molaire Y [mol/mol]:

$$\rho = \rho_a (1 - Y) + \rho_0 Y \qquad \text{(III.1)}$$

La concentration de la fraction massique C est liée à la concentration de la fraction molaire Y par:

$$\rho C = \rho_0 Y \qquad \text{(III.2)}$$

Ainsi, on obtient la densité du mélange ρ directement en fonction de la concentration C:

$$\rho = \frac{1}{\left[\left(\left(\frac{1}{\rho_0} \right) - \left(\frac{1}{\rho_a} \right) \right) C + \left(\frac{1}{\rho_a} \right) \right]} \qquad \text{(III.3)}$$

III.2.2 Concept d'entraînement

Le concept d'entraînement induit que la vitesse du fluide ambiant entraîné sur la périphérie du jet lors de son écoulement est proportionnelle à la vitesse moyenne sur la ligne centrale du jet. Le coefficient de proportionnalité est appelé le coefficient d'entraînement et noté α. La détermination du comportement du jet conduit à spécifier le taux d'entraînement. Morton et al. (1956) ont posé la théorie des panaches en supposant dans leur analyse que le coefficient d'entraînement α est constant. Dans d'autres études faites sur les jets et les panaches simples, ce coefficient est toujours constant mais égal à différentes valeurs. Ainsi, on conclut que le coefficient d'entraînement ne peut pas être une constante universelle. Pour un jet flottant qu'on définit comme un jet pour les régions situées près de la source et un panache pour celles situées dans le champ lointain, Fan et Brooks (1966 a-b) ont utilisé une valeur de 0.082 pour le coefficient α et leurs analyses s'accordent bien avec les résultats expérimentaux de Cerderwall (1967).

En se basant sur les résultats des travaux précédents, Houf et Schefer (2008) ont démontré que le taux d'entraînement local d'un jet flottant augmente quand le jet quitte la région dominée par la quantité de mouvement et rentre dans la région dominée par les forces de flottabilité. Ainsi, le coefficient d'entraînement est lié au taux d'entraînement E(m²/s) par (El-Amin et al. (2012)):

$$E = 2\pi b\alpha U \qquad \text{(III.4)}$$

où $b(m)$ est l'épaisseur du jet et U la vitesse sur la ligne centrale. Le taux d'entraînement E peut s'écrire en fonction de deux composantes, E_{mom}, due à la quantité de mouvement du jet, et E_{buoy}, due aux forces de flottabilité:

$$E = E_{mom} + E_{buoy} \qquad \text{(III.5)}$$

$$E_{mom} = 0.282\left(\frac{\pi d^2}{4}\frac{\rho_0 U_0^2}{\rho_a}\right)^{\frac{1}{2}} \qquad \text{(III.6)}$$

U_0 et d sont respectivement la vitesse et le diamètre du jet à la source.

$$E_{buoy} = \frac{2\pi Uba}{Fr_1}\sin\theta \qquad \text{(III.7)}$$

Fr_1 étant le nombre de Froude local défini par:

$$Fr_1 = \frac{U^2\rho_0}{gd(\rho_\infty - \rho)} \qquad \text{(III.8)}$$

Quand le nombre de Froude local diminue, le terme E_{buoy} commence à intervenir dans le taux d'entraînement et l'effet de flottabilité devient plus important. Dans l'équation (III.7), apparaît la constante a dont la détermination est basée sur les expériences développées par Houf et Schefer (2008). Elle est liée au nombre de Froude Fr par :

$$a = \begin{cases} 17.313 - 0.1166 Fr + 2.0771 \times 10^{-4} Fr & \text{pour } Fr < 268 \\ 0.97 & \text{pour } Fr \geq 268 \end{cases} \qquad \text{(III.9)}$$

où le nombre de Froude Fr est donné par:

$$Fr = \left(\frac{U^2\rho_0}{gd(\rho_\infty - \rho)}\right)^{\frac{1}{2}} \qquad \text{(III.10)}$$

III.2.3 Mise en équations

III.2.3.1 Equations de conservation

D'après ce qui précède, le modèle mathématique du problème est basé sur les équations de conservation développées dans le chapitre II, section 3. Comme on l'a signalé antérieurement, la densité du mélange est fonction uniquement de la concentration puisque la température du domaine est supposée constante. Ainsi, les équations de conservation moyennées de la masse, de la quantité de mouvement et de la concentration, pour un jet flottant rond turbulent horizontal en "non-Boussinesq", s'écrivent respectivement:

$$\frac{\partial \overline{u_i}}{\partial x_i} = 0 \qquad i = 1, 2, 3 \tag{III.11}$$

$$\overline{u_j} \frac{\partial \overline{u_i}}{\partial x_j} = -\frac{1}{\rho} \frac{\partial \overline{p}}{\partial x_i} + \frac{\partial}{\partial x_j} \left(\nu \frac{\partial \overline{u_i}}{\partial x_j} - \overline{u_i' u_j'} \right) + B_{Ti} \tag{III.12}$$

$$\frac{\partial (\overline{u_i C})}{\partial x_i} = \frac{\partial}{\partial x_i} \left(D \frac{\partial \overline{C}}{\partial x_i} - \overline{u_i' C'} \right) \tag{III.13}$$

où $B_{Ti} = g(\rho - \rho_{référence})/\rho$ est le terme de flottabilité dû à la différence des densité entre le jet et le milieu ambiant.

III.2.3.2 Modèle de turbulence

Le modèle de turbulence utilisé pour la fermeture des équations (III.12) et (III.13) est le modèle du premier ordre à deux équations de transport k-ε standard (développé au chapitre II, section 3). Les équations de l'énergie cinétique turbulente k et de son taux de dissipation ε sont, respectivement:

$$\overline{u_j} \frac{\partial k}{\partial x_j} = \nu_t \left(\frac{\partial \overline{u_i}}{\partial x_j} + \frac{\partial \overline{u_j}}{\partial x_i} \right) \frac{\partial \overline{u_i}}{\partial x_j} + \frac{\partial}{\partial x_j} \left(\frac{\nu_t}{\sigma_k} \frac{\partial k}{\partial x_j} \right) - \varepsilon \varepsilon \tag{III.14}$$

$$\overline{u_j} \frac{\partial \varepsilon}{\partial x_j} = C_{\varepsilon 1} \nu_t \frac{\varepsilon}{k} \left(\frac{\partial \overline{u_i}}{\partial x_j} + \frac{\partial \overline{u_j}}{\partial x_i} \right) \frac{\partial \overline{u_i}}{\partial x_j} - C_{\varepsilon 2} \frac{\varepsilon^2}{k} + \frac{\partial}{\partial x_j} \left(\frac{\nu_t}{\sigma_\varepsilon} \frac{\partial \varepsilon}{\partial x_j} \right) \tag{III.15}$$

avec: $\nu_t = C_\mu \frac{k^2}{\varepsilon}$. Les constantes C_μ, $C_{\varepsilon 1}$, $C_{\varepsilon 2}$, σ_k, σ_ε qui apparaissent dans ces deux équations sont les constantes du modèle k-ε standard et dont les valeurs ont été mentionnées dans le tableau II.1 du chapitre II et qui sont les suivantes:

$$C_\mu = 0.09; \quad C_{\varepsilon 1} = 1.44; \quad C_{\varepsilon 2} = 1.92; \quad \sigma_k = 1 \quad \text{et} \quad \sigma_\varepsilon = 1$$

III.2.4 Conditions aux limites et hypothèses de calcul

La résolution des équations précédentes se fait en tenant compte des conditions aux limites et initiales appropriées et qui reproduisent exactement les conditions expérimentales en vue de la validation du modèle numérique. Vu la symétrie de la buse d'injection, la simulation se fait uniquement sur la moitié du domaine de visualisation (Fig. III.1). Ainsi, les conditions aux limites suivantes sont imposées:

- La vitesse initiale du jet correspond à la vitesse moyenne du débit d'injection de l'écoulement. Cette condition est imposée pour le calcul du flux de masse, de quantité de mouvement et de concentration au sein du domaine de calcul.

- Les sorties de l'écoulement sont de type "pressure outlet", ce qui suppose d'imposer la pression atmosphérique. Cette condition impose un gradient nul pour toutes les variables de l'écoulement à l'exception de la pression.

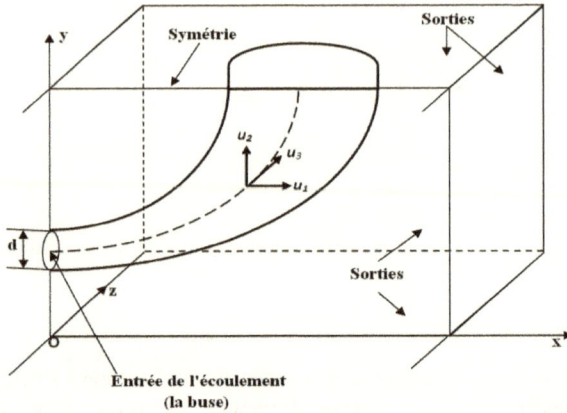

Fig. III.1. *Schéma du système des coordonnées et des conditions aux limites du modèle numérique*

On résume dans le tableau suivant les conditions aux limites et les conditions sur k et ε (Demuren et Rodi (1987)):

Conditions aux limites	Vitesse	Fraction massique	Energie cinétique turbulente	Taux de dissipation
Section de la buse	$\overline{u}_1 = U_0, \quad \overline{u}_2 = \overline{u}_3 = 0$	$\overline{m} = \sum m_0$	$k = k_0 = 10^{-3} v_0^2$	$\varepsilon = k_0^{3/2} / 0.5d$
Limites sorties	$\dfrac{\partial \overline{u}_i}{\partial n} = 0 \quad (i=1,2,3)$	$\dfrac{\partial \overline{m}}{\partial n} = 0$	$\dfrac{\partial k}{\partial n} = 0$	$\dfrac{\partial \varepsilon}{\partial n} = 0$

Tab. III.1. *Conditions aux limites et initiales généralisées*

Le domaine de calcul représenté sur la figure (III.1) est généré et maillé en tridimensionnel à l'aide du logiciel Gambit. Le choix de la finesse du maillage, pour optimiser la précision des résultats sur la variation des différentes variables, consiste à adopter un maillage tétraédrique non uniforme, fortement resserré au niveau de la buse d'injection et ses alentours, et desserré ailleurs (Fig. III.2). Pour ce faire, on a divisé le domaine de calcul en blocs de géométrie standard (parallélépipèdes). Le nombre total des mailles obtenu pour tout le domaine du calcul est de l'ordre de 2,5 millions cellules.

Pour résoudre les équations de conservation avec leurs conditions aux limites et initiales, on utilise la méthode des volumes finis (développée au chapitre II, section 5) et le code de calcul Fluent. Les hypothèses numériques de la simulation ont consisté à modéliser un écoulement turbulent stationnaire avec le modèle de turbulence k-ε standard. Pour la précision des résidus, on a gardé les valeurs recommandées par le code, soit 10^{-3} pour toutes les variables de l'écoulement. On a vérifié que l'augmentation de cette précision n'avait pratiquement aucune influence sur la convergence du calcul.

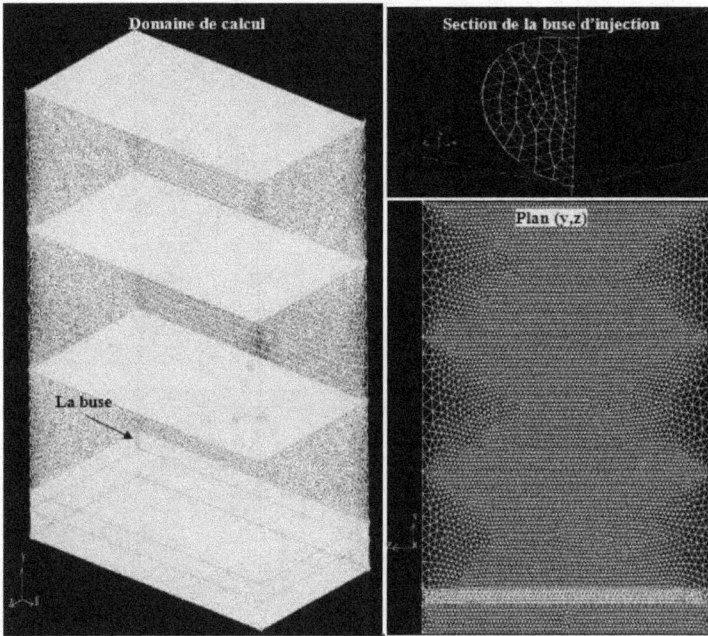

Fig. III.2. *Détails du maillage des différentes zones du domaine de calcul*

III.3 Modèle expérimental de validation

Afin de valider l'approche théorique, on a simulé le comportement du jet d'un mélange air-hélium injecté dans l'air ambiant en faisant varier le diamètre de la buse, la vitesse d'injection à la source et le gradient de densité initial entre le jet et le milieu ambiant qui est homogène et au repos.

III.3.1 Dispositif expérimental

Le dispositif expérimental (Fig. III.3) consiste à injecter le jet du mélange air-hélium horizontalement via une buse de section circulaire dont le diamètre interne varie de *4mm* à *12mm*. L'écoulement de l'air et de l'hélium est contrôlé par deux débitmètres électroniques. Afin de pouvoir visualiser l'écoulement du jet et obtenir des informations sur son comportement, on a eu recours à la technique d'ensemencement. L'écoulement ensemencé est exposé à un plan laser pour la visualisation par photographie à l'aide d'une caméra rapide.

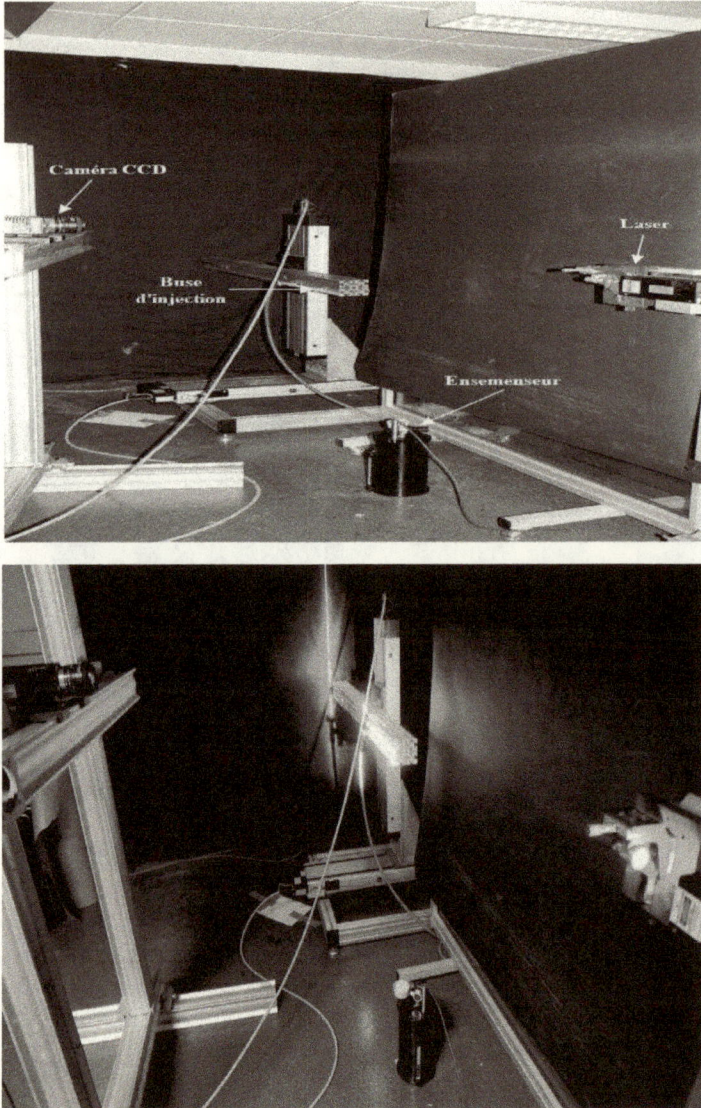

Fig. III.3. *Le dispositif expérimental*

III.3.2 L'ensemencement, éclairement de l'écoulement et mesures.

Pour que l'écoulement du jet soit visible une fois éclairé par le faisceau laser, il est nécessaire d'introduire des particules traceuses dans l'écoulement. Ces particules doivent être de petite taille afin qu'elles puissent suivre l'écoulement sans le perturber, suffisamment grosses pour être observées et de masse volumique la plus proche possible du fluide porteur. Les particules traceuses doivent diffuser efficacement la lumière du laser. En effet, si une particule donnée ne diffuse pas suffisamment la lumière, une source laser plus puissante ou une caméra plus sensible sont à préconiser. Ainsi, le choix de ces particules pour ensemencer l'écoulement s'avère déterminant dans l'optimisation de l'intensité lumineuse recueillie par la caméra, ce qui affecte sensiblement la qualité des résultats recueillis.

En tenant compte de ces critères, l'écoulement du jet simulé était ensemencé par des micro-particules d'huile d'olive dont le diamètre avoisine 0,8µm.

L'écoulement ensemencé du jet doit être éclairé à chaque prise de photographie par la caméra rapide. La visualisation par le plan laser permet d'avoir une observation qualitative du jet. C'est une méthode non intrusive qui permet de voir le comportement du jet. Pour cela on a utilisé une source laser continue DPSS compact à pompage par diode, délivrant une émission monomode longitudinale à 532 nm avec une puissance 2W. L'éclairement est généré sous forme d'un plan lumineux d'angle d'ouverture approximativement égal à 20° grâce à un système optique transformant le faisceau incident en une nappe lumineuse de faible épaisseur. Le plan lumineux est placé dans l'axe de l'écoulement à l'aide d'un miroir orientable de manière à obtenir une vision en coupe verticale.

La caméra CCD utilisée constitue un bon compromis entre rapidité et haute résolution. Elle permet d'effectuer le traitement d'images pratiquement en temps réel. Un autre avantage de cette caméra est son extrême sensibilité, dépassant celle du film. Cette qualité permet de réaliser les mêmes expérimentations avec un laser beaucoup moins puissant, ce qui diminue sensiblement les coûts. Elle est placée perpendiculairement au plan lumineux et sa mise au point doit nécessairement être réglée pour que l'écoulement ensemencé soit discerné et ainsi permettre que l'image soit traitée dans de bonnes conditions. Les images capturées sont traitées et analysées par le logiciel Image J. A l'aide de ce dernier, on calcule l'image moyenne des images instantanées prises sur un certain laps de temps. Ce traitement permet de déterminer la forme du panache et les différentes coordonnées correspondantes. Ces données sont par la suite post-traitées afin de fournir les différentes courbes décrivant le comportement du jet.

III.4   Résultats et discussions

Le jet turbulent du mélange air-hélium est généré à partir d'une source continue de quantité de mouvement et de flottabilité. Les conditions initiales des différentes quantités sur la ligne centrale du jet correspondent à leurs valeurs à la source. L'angle initial de la trajectoire est nul, vu qu'il s'agit d'un jet horizontal.

On s'intéresse essentiellement à l'influence des flux initiaux de quantité de mouvement et de flottabilité sur le comportement du jet en fonction des conditions d'injection à la source: diamètre de la buse, vitesse initiale d'injection et rapport de densité entre le jet et le fluide du milieu ambiant. Les résultats numériques sont validés par des comparaisons avec les résultats expérimentaux. On résume dans le tableau (III.2) les détails de ces expériences:

Expérience	Débit air $(10^{-4}\,\text{m}^3/\text{s})$	Débit hélium $(10^{-4}\,\text{m}^3/\text{s})$	Vitesse U_0 (m/s)	Nombre de Froude Fr	Nombre de Reynolds Re
1	7	5.5	10	49	5700
2	0	20	16	49	2000
3	4	14	14	49	4130
4	3.3	18	17.6	59	4200
5	0	8	41	200	2000
6	0	10	51	246	2400
7	2	7	45	249	5420
8	1.5	8	50	262	4640
9	0	12.5	64	309	3000

Tab. III.2. *Détails des expériences réalisées*

On présente ci-après (Fig. III.4, III.5 et III.6) les visualisations du jet, numériques et expérimentales, pour chaque expérience numérotée dans le tableau (III.2). Les résultats de prédiction numérique (à gauche) sont représentés par les isocontours de la densité sur le plan de symétrie vertical (x,y). Les résultats expérimentaux (à droite) sont basés sur la photographie de l'écoulement du jet.

La comparaison de ces visualisations représente la première étape de validation qualitative du modèle mathématique adopté. L'étape suivante consiste à traduire cela par des résultats chiffrés et des courbes qui permettent de décrire quantitativement le comportement du jet : les paramètres retenus sont sa forme (limites du jet), sa trajectoire centrale, son rayon (demi-épaisseur) et la valeur de sa densité (kg/m^3) au cours de son mélange avec le fluide ambiant.

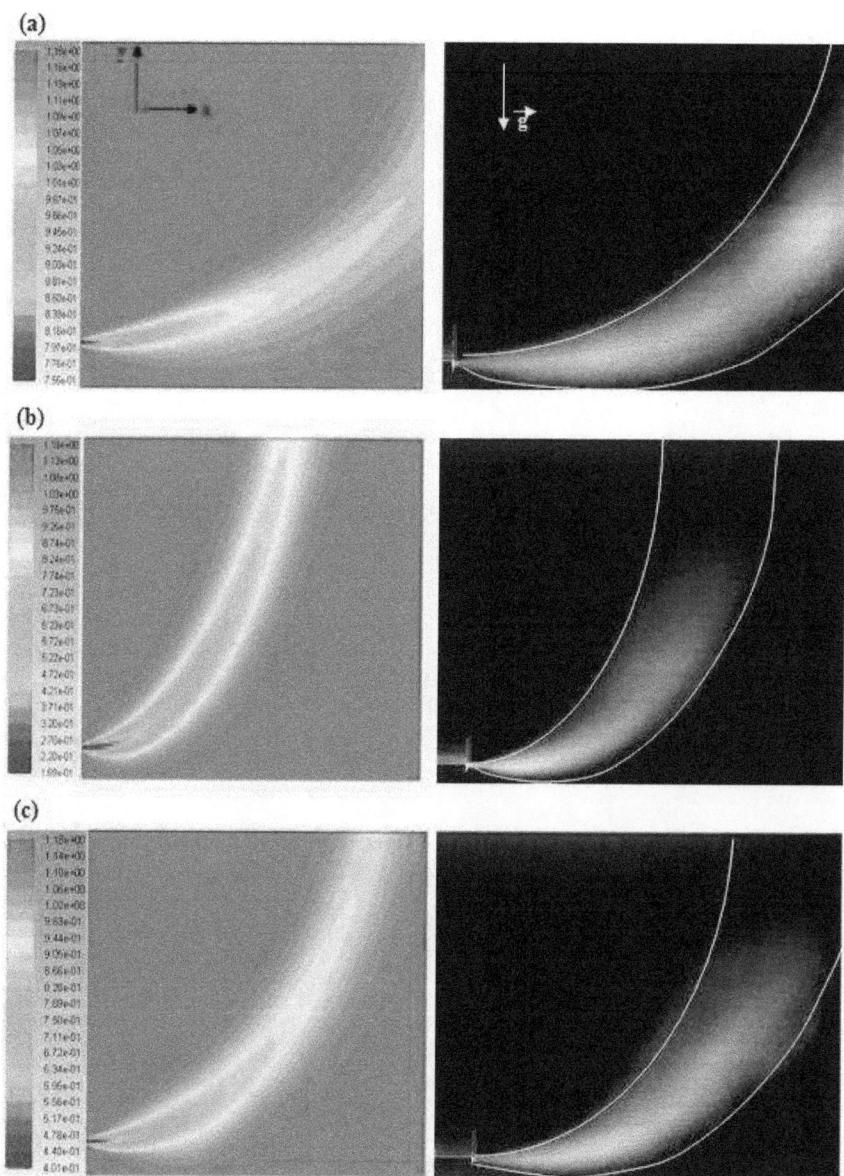

Fig. III.4. *Visualisations de l'écoulement du jet en numérique et en expérimental pour:*
(a) Expérience 1: Fr=49 et Re=5700,
(b) Expérience 2: Fr=49 et Re=2000,
(c) Expérience 3: Fr=49 et Re=4130

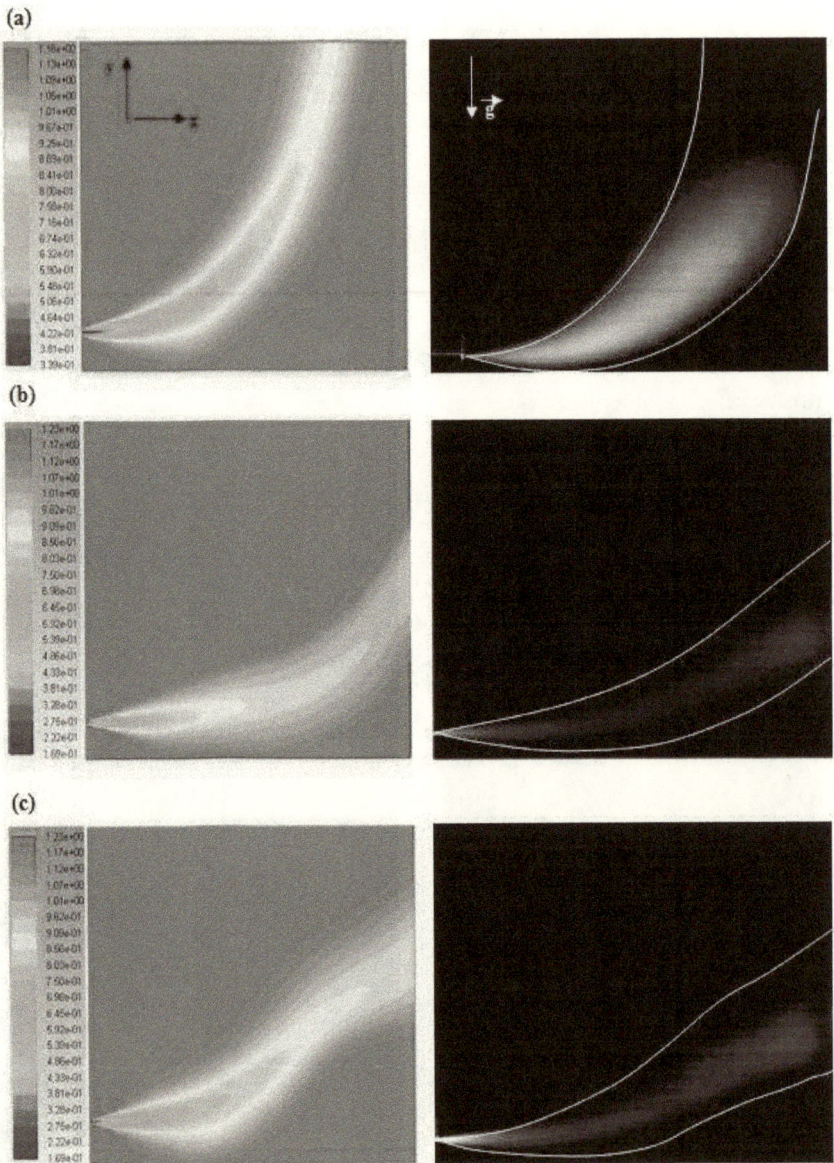

Fig. III.5. *Visualisations de l'écoulement du jet en numérique et en expérimental pour:*
(a) Expérience 4: Fr=59 et Re=4200,
(b) Expérience 5: Fr=200 et Re=2000,
(c) Expérience 6: Fr=246 et Re=2400

(a)

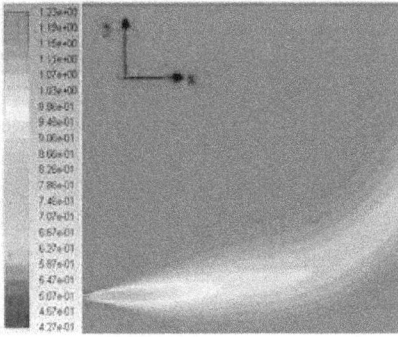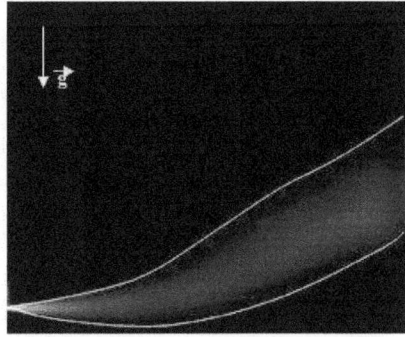

(b)

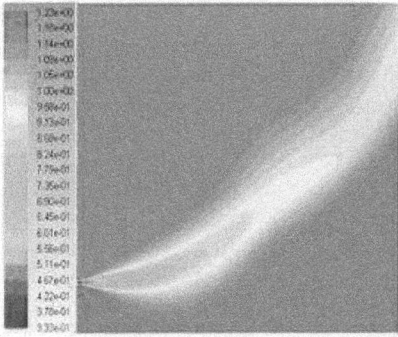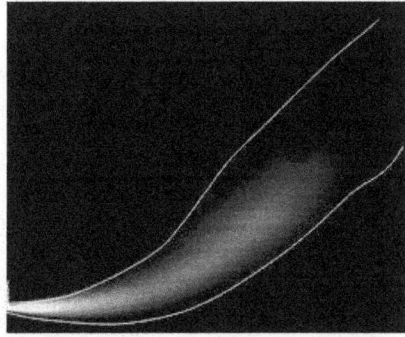

(c)

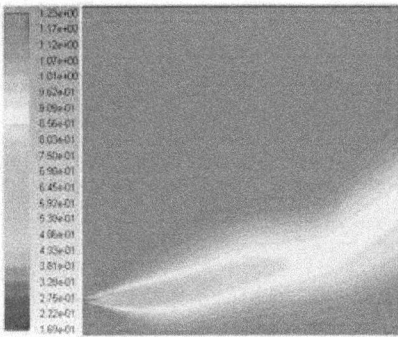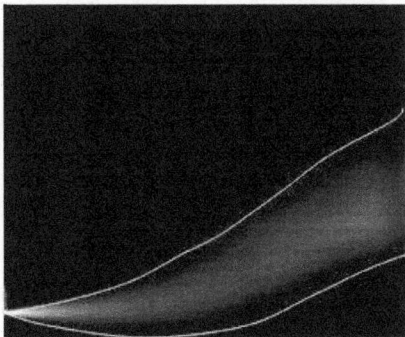

Fig. III.6. *Visualisations de l'écoulement du jet en numérique et en expérimental pour:*
(a) Expérience 7: Fr=249 et Re=5420,
(b) Expérience 8: Fr=262 et Re=4640,
(c) Expérience 9: Fr=309 et Re=3000

III.4.1 Etude des limites et de la trajectoire centrale du jet

Dans cette partie, on présente une interprétation du comportement du jet en se basant sur l'influence des conditions d'injection à la source: cette interprétation se fera en analysant sa forme et notamment ses frontières et sa trajectoire centrale. Dans notre cas, où le jet est issu d'une source de quantité de mouvement et de flottabilité, on traduit le rapport entre la quantité de mouvement injectée et les forces visqueuses par le nombre de Reynolds Re et le rapport entre la flottabilité et la quantité de mouvement par le nombre Froude Fr. A la source, ces deux nombres sont donnés par:

$$\mathrm{Re} = \frac{U_0 d}{v} \quad et \quad Fr = \left(\frac{U_0^2 \rho_{air}}{gd(\rho_{air} - \rho_0)} \right)^{\frac{1}{2}}$$

où ρ_0 est la densité du jet (mélange air-hélium) à la sortie de la buse.

Dans la suite, le flux initial de quantité de mouvement est représenté par la vitesse initiale U_0 et le flux initial de flottabilité par le gradient de densité initial $\Delta\rho_0 = \rho_{air} - \rho_0$. Lors de sa remontée sous l'effet des forces de flottabilité, le jet prend une forme courbée à cause de la combinaison entre la composante horizontale de la quantité de mouvement et la gravité.

En principe, lorsqu'un jet sort horizontalement d'une buse avec une certaine quantité de mouvement, il ne commence à remonter verticalement que lorsque les forces de flottabilité prennent le pas sur les forces d'inertie. En revanche, dans le cas du jet flottant horizontal étudié, pour les mêmes valeurs du nombre de Froude initial obtenues en faisant varier en même temps la vitesse U_0 et le gradient de densité $\Delta\rho_0$, la remontée du jet dépend plutôt de $\Delta\rho_0$ et non pas de la vitesse U_0 car même si nous opérons en régime de convection mixte, ce sont plutôt les forces de flottabilité qui prédominent: plus ce gradient est élevé (ce qui correspond à des petites valeurs de la densité ρ_0) plus la remontée du jet est nette et proche de la source (Fig. III.7 et Fig. III.8).

Ainsi, afin de tester l'effet de flottabilité devant celui de la quantité de mouvement horizontale, on injecte le jet avec la même vitesse initiale U_0 mais les gradients de densité initiaux $\Delta\rho_0$ sont différents (Fig. III.9 et Fig. III.10). Dans ce cas, plus le $\Delta\rho_0$ est petit (Fr est grand), plus la remontée est lente. Ceci s'explique analytiquement par l'équation (III.7) qui prouve que la flottabilité, étant inversement proportionnelle au nombre de Froude, tend à diminuer pour des grandes valeurs de Fr.

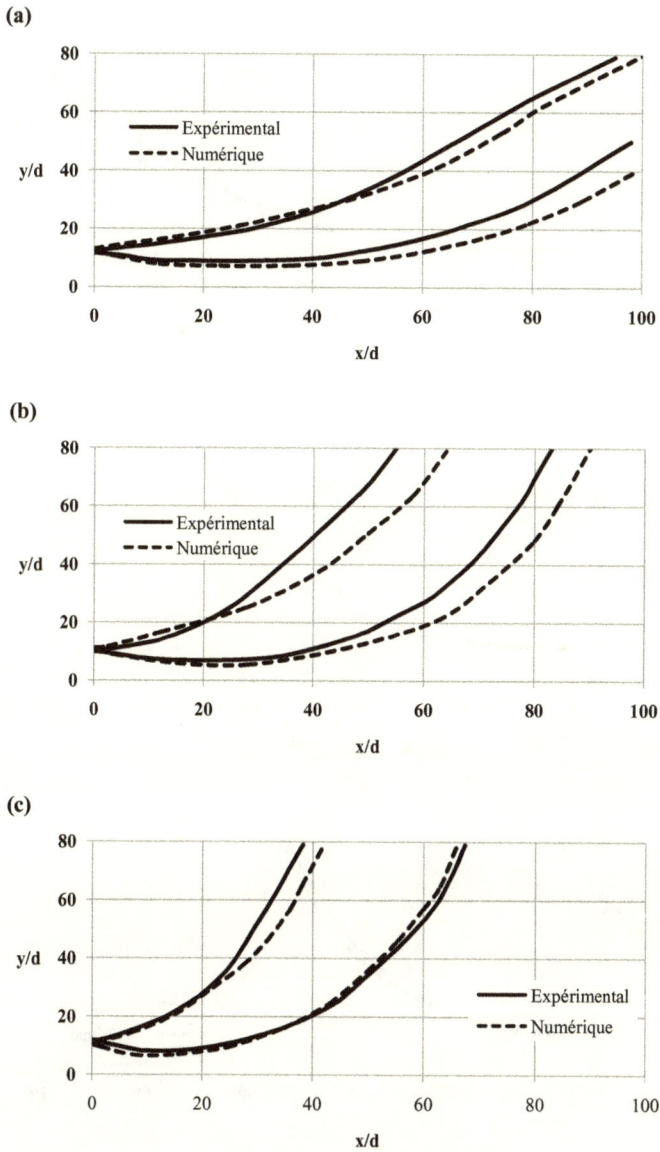

Fig. III.7. *Comparaison des limites du jet entre le numérique et l'expérimental pour Fr=49:*
(a) Δρ₀=0.46, U₀=10m/s et Re=5700,
(b) Δρ₀=0.84, U₀=14m/s et Re=4130,
(c) Δρ₀=1.06, U₀=16m/s et Re=2000

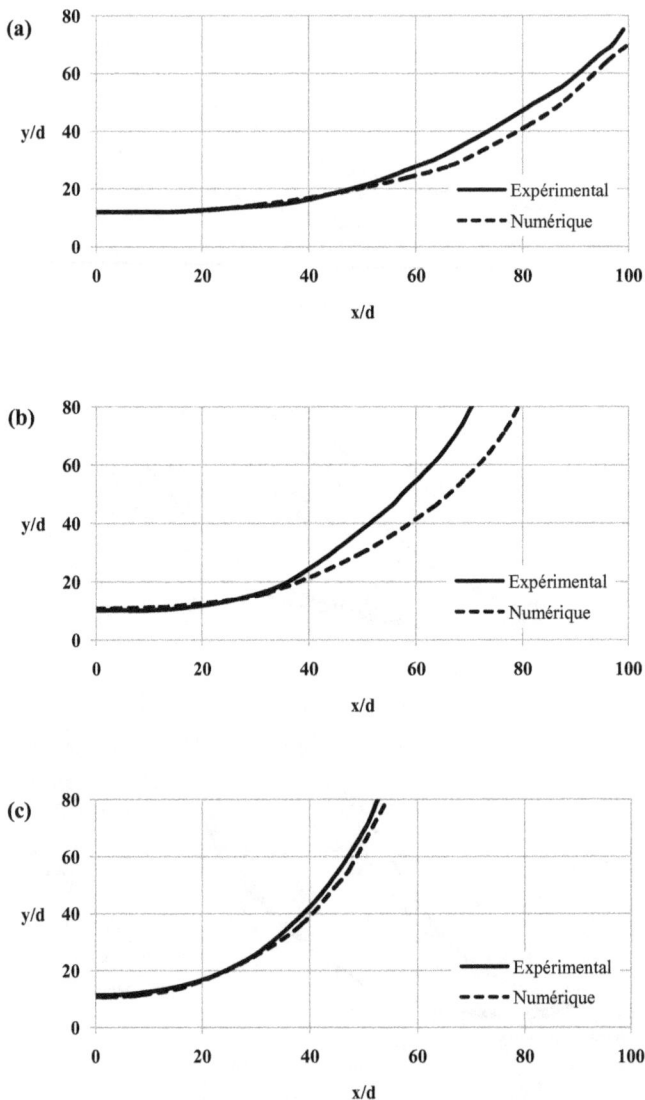

Fig. III.8. *Comparaison de la trajectoire centrale du jet entre le numérique et l'expérimental pour Fr=49:*
(a) $\Delta\rho_0=0.46$, $U_0=10m/s$ et $Re=5700$,
(b) $\Delta\rho_0=0.84$, $U_0=14m/s$ et $Re=4130$,
(c) $\Delta\rho_0=1.06$, $U_0=16m/s$ et $Re=2000$

(a)

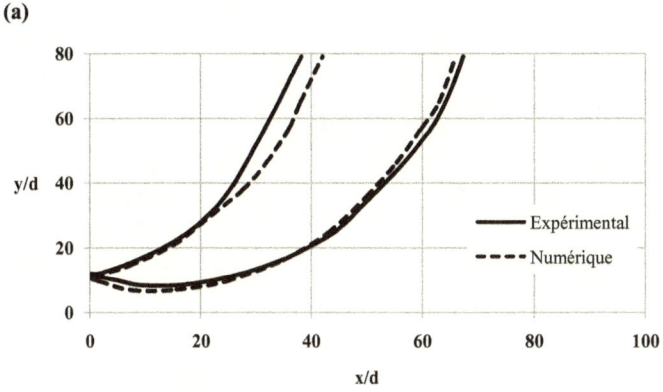

(b)

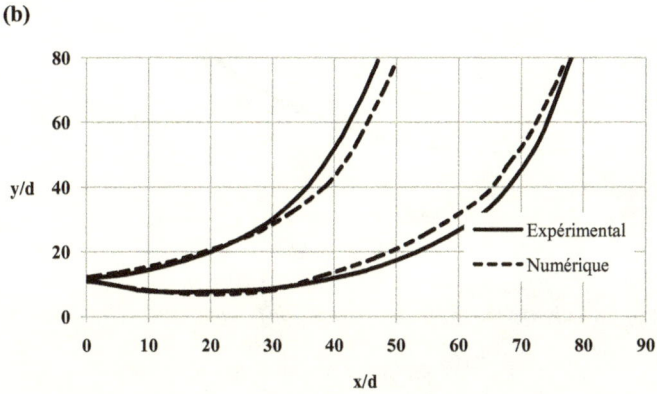

Fig. III.9. *Comparaison des limites du jet entre le numérique et l'expérimental pour*
$U_0=16m/s$ et $Re=2000$,
(a) $\Delta\rho_0=1.06$ et $Fr=49$,
(b) $\Delta\rho_0=0.84$ et $Fr=59$

(a)

(b)

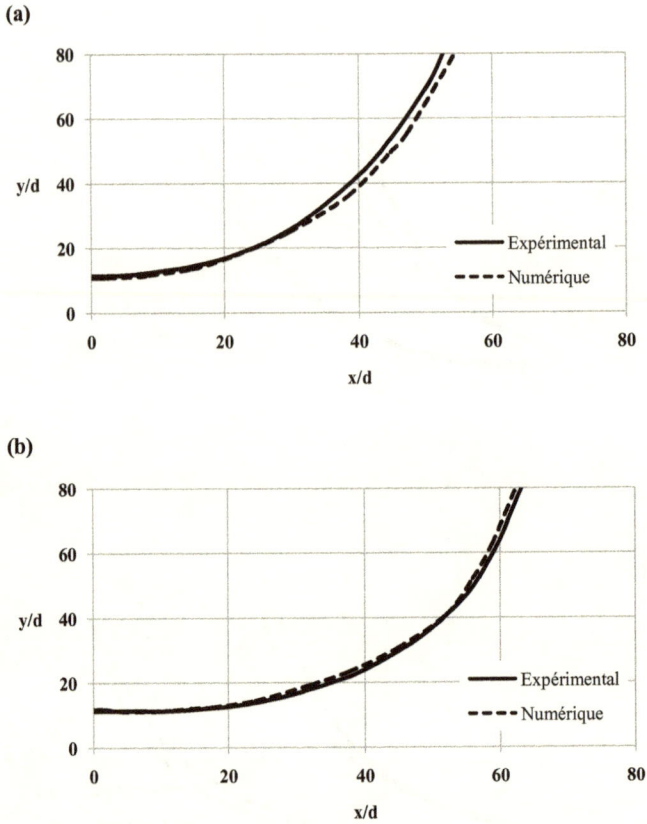

Fig. III.10. *Comparaison de la trajectoire centrale du jet entre le numérique et l'expérimental*
pour $U_0=16m/s$ et $Re=2000$,
(a) $\Delta\rho_0=1.06$ et $Fr=49$,
(b) $\Delta\rho_0=0.84$ et $Fr=59$

On injecte maintenant des jets avec le même gradient de densité initial $\Delta\rho_0$ (Fig. III.11 et Fig. III.12): les nombres de Froude correspondants sont obtenus en faisant varier uniquement la vitesse d'éjection U_0. Le comportement du jet ne montre aucune dépendance de la quantité de mouvement et le jet prend pratiquement la même forme pour les différentes valeurs de Fr.

(a)

(b)

(c)

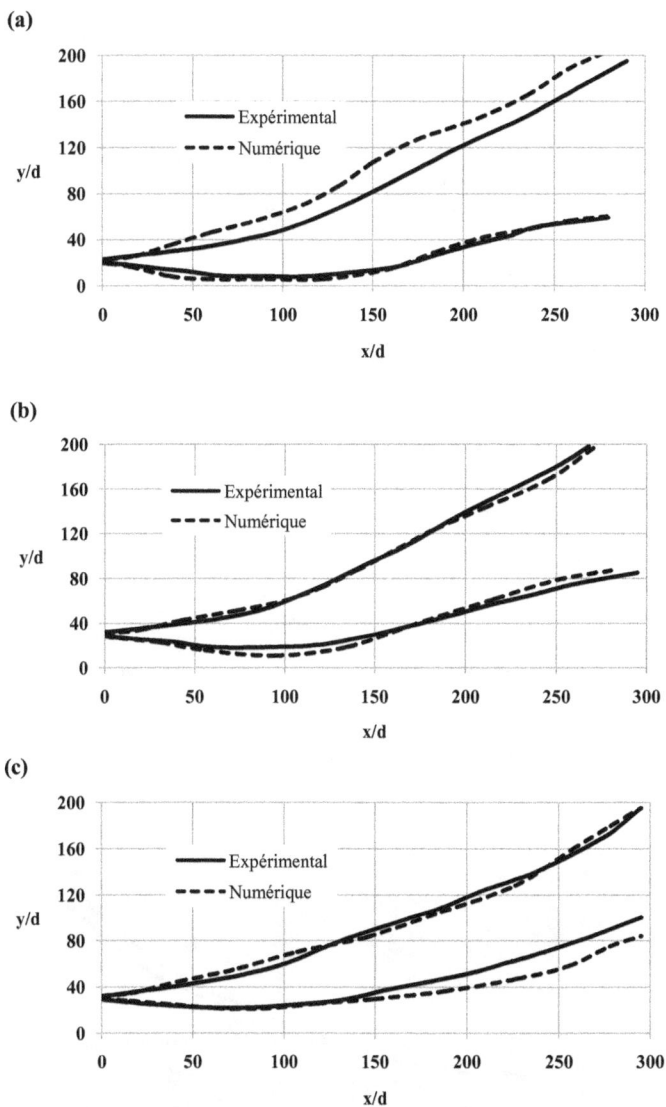

Fig. III.11. *Comparaison des limites du jet entre le numérique et l'expérimental pour une injection de l'hélium pur de $\Delta\rho_0=1.06$ pour :*
(a) Fr=200, U_0=41 m/s et Re=2000,
(b) Fr=24, U_0=51 m/s et Re=2400,
(c) Fr=309, U_0=64 m/s et Re=3000

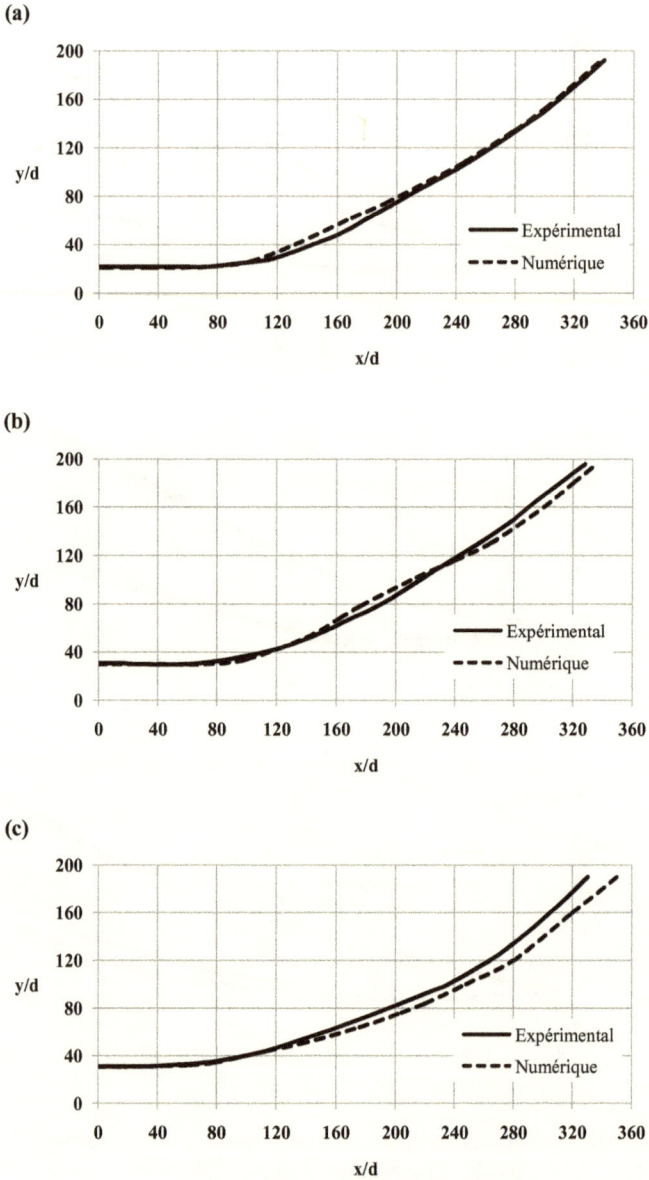

Fig. III.12. *Comparaison de la trajectoire centrale du jet entre le numérique et l'expérimental pour une injection de l'hélium pur de $\Delta\rho_0=1.06$ pour : (a) Fr=200, U_0=41 m/s et Re=2000, (b) Fr=24, U_0=51 m/s et Re=2400, (c) Fr=309, U_0=64 m/s et Re=3000*

En conclusion, l'analyse de ces différents résultats prouve qu'il s'agit d'un écoulement dominé par la flottabilité et qui n'est pas affecté fortement par une variation quantité de mouvement, sauf très près de la buse d'injection. Dans les conditions prises, la remontée du jet est conditionnée par la convection naturelle et ceci d'autant plus que le gradient de densités initial est élevé, la dépendance du nombre de Reynolds Re étant, elle, de moins en moins marquée. Cependant, la forme courbée du jet s'explique par le fait que, dans cette région, les influences de la flottabilité et de la composante horizontale du flux de quantité de mouvement sont comparables. C'est dans la région éloignée de la buse que l'écoulement devient pleinement flottant.

Les résultats numériques portant sur les limites et la trajectoire centrale du jet sont comparés avec les résultats expérimentaux dans tous les cas analysés précédemment. Le modèle numérique adopté prévoit raisonnablement bien la forme du jet. Dans le champ proche où l'écoulement est dominé par la quantité de mouvement horizontale, l'accord entre les résultats numériques et expérimentaux est assez satisfaisant, mais, à partir du moment où l'écoulement devient purement flottant, le modèle numérique présente une légère déviation des limites du jet par rapport aux expériences. Ceci s'explique par le fait que dans la zone du champ proche, le cœur potentiel (où l'écoulement est dominé par la quantité de mouvement horizontale), le taux d'entraînement E donné par la relation (III.5) est réduit à sa composante E_{mom} (relation III.6). Cette dernière ne dépend que des conditions initiales à la source dont les valeurs sont bien connues et imposées initialement. Ceci explique l'exactitude et la précision des résultats dans cette zone. A partir du moment où le jet passe de la zone du cœur potentiel à la zone de l'écoulement établi, par l'intermédiaire de la zone de transition, la flottabilité domine l'écoulement et la composante E_{buoy} (relation III.7) intervient alors dans la formule du taux d'entraînement E. Cette composante fait intervenir un nouveau terme qui est θ, l'angle d'inclinaison de la trajectoire du jet, dont on n'impose aucune donnée en amont dans le modèle numérique adopté. Ainsi, les faibles perturbations observées sont relatives à la résolution numérique lors du passage du jet à la zone de flottabilité.

III.4.2 Etude du rayon du jet

Pour les mêmes cas que précédemment, on analyse maintenant la variation du rayon r (demi-épaisseur) du jet sur la trajectoire centrale en effectuant une comparaison entre les prévisions numériques et les résultats expérimentaux. Pour les écoulements de même nombre de Froude initial Fr (obtenu en faisant varier simultanément la vitesse initiale U_0 et le gradient de densité initial $\Delta\rho_0$) et dans le champ lointain (vers un point maximal de remontée de l'ordre de $y/d=80$), tous les jets ont pratiquement le même rayon ($r/d=16$). Cependant, l'expansion du jet est relativement plus élevée pour ceux à grandes valeurs du nombre de Reynolds Re (Fig. III.13). En effet, plus l'écoulement est turbulent, plus il entraîne le fluide ambiant, ce qui explique les légères élévations du rayon du jet.

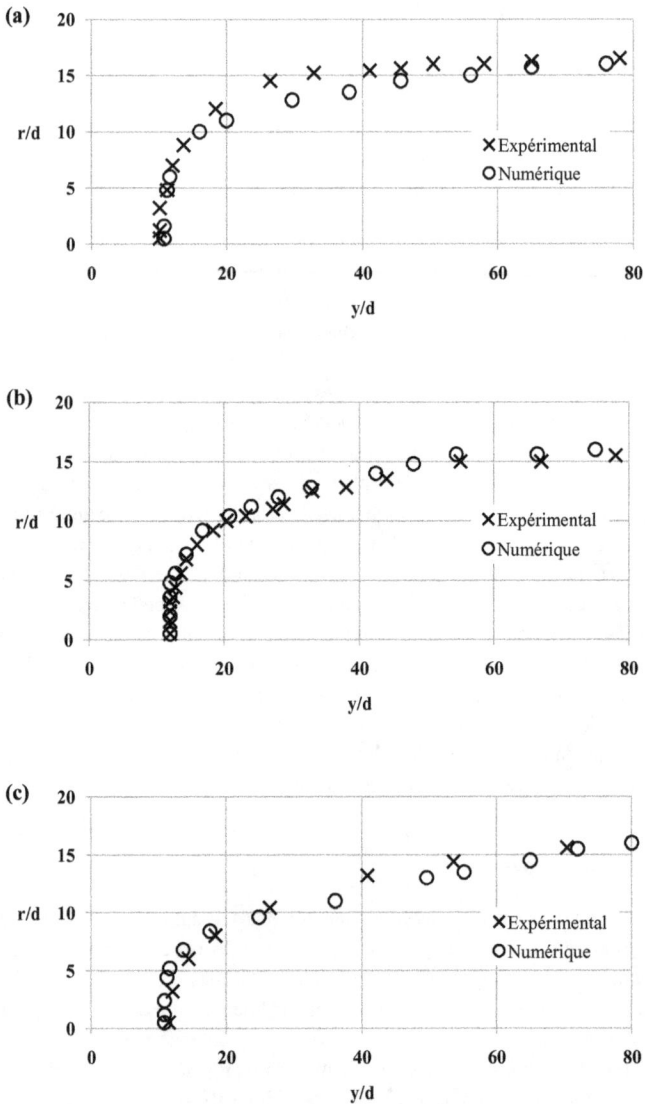

Fig. III.13. *Comparaison entre le numérique et l'expérimental du rayon du jet sur la*
trajectoire centrale pour Fr=49:
(a) $\Delta\rho_0=0.46$, $U_0=10m/s$ et $Re=5700$,
(b) $\Delta\rho_0=0.84$, $U_0=14m/s$ et $Re=4130$,
(c) $\Delta\rho_0=1.06$, $U_0=16m/s$ et $Re=2000$

Pour des écoulements de nombre de Froude différent mais de même vitesse initiale U_0 (Fig. III.14), le rayon du jet présente une augmentation, à y/d fixé, pour les grandes valeurs du nombre de Froude Fr. D'après l'analyse précédente, ceci prouve que l'expansion du jet est indépendante du flux initial de flottabilité et ne dépend que du nombre de Reynolds qui caractérise la nature turbulente de l'écoulement.

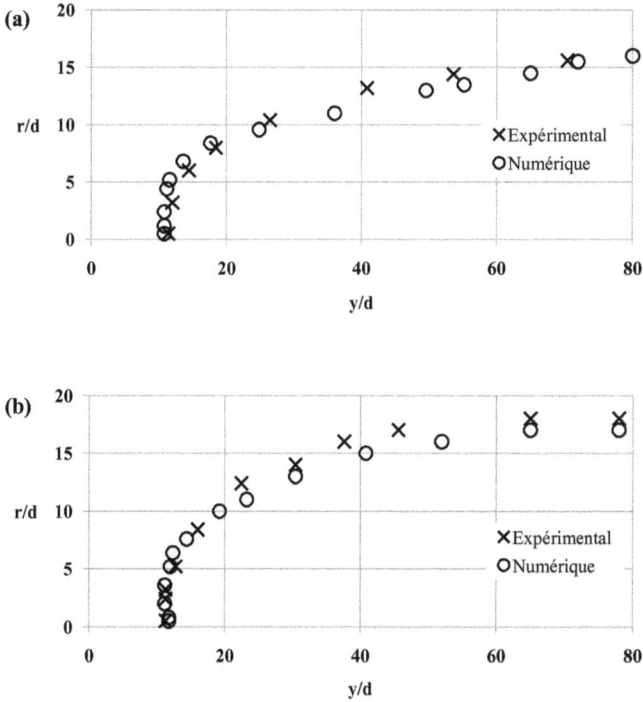

Fig. III.14. *Comparaison entre le numérique et l'expérimental du rayon du jet sur la trajectoire centrale pour $U_0=16m/s$ et $Re=2000$:*
(a) $\Delta\rho_0=1.06$ et $Fr=49$,
(b) $\Delta\rho_0=0.84$ et $Fr=59$

Si on analyse le cas d'un jet d'hélium pur ($\Delta\rho_0$ constant) dont on ne change que le flux initial de quantité de mouvement en faisant varier la vitesse U_0 (Fig. III.15), on s'aperçoit de nouveau que l'expansion du jet diminue progressivement avec la diminution du nombre de Reynolds Re. Autrement dit, plus le jet est turbulent, plus son rayon est grand.

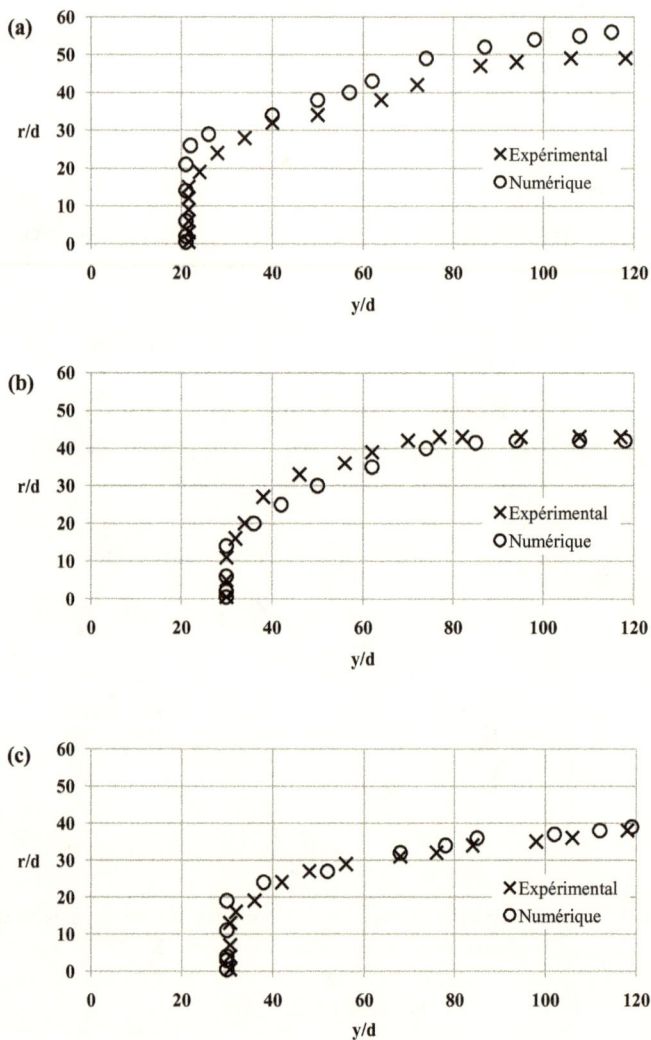

Fig. III.15. *Comparaison entre le numérique et l'expérimental du rayon du jet sur la trajectoire centrale pour une injection de l'hélium pur de Δρ₀=1.06 pour:*
(a) Fr=200, U₀=41 m/set Re=2000,
(b) Fr=246, U₀=51 m/s et Re=2400,
(c) Fr=309, U₀=64 m/s et Re=3000

Pour les écoulements turbulents, un jet initialement injecté avec une vitesse uniforme à la source se déstabilise et se développe autour du cœur potentiel en formant une zone de mélange turbulente qui élargit progressivement le jet sous l'effet du phénomène d'entraînement. Cette zone de mélange est formée par des structures sous forme d'anneaux tourbillonnaires (Fig. III.16) résultants des instabilités de Kelvin-Helmholtz se développant sur la surface de séparation entre le jet et le fluide ambiant (Hernan et Jimenez (1982), Zaman et Hussain (1980)).

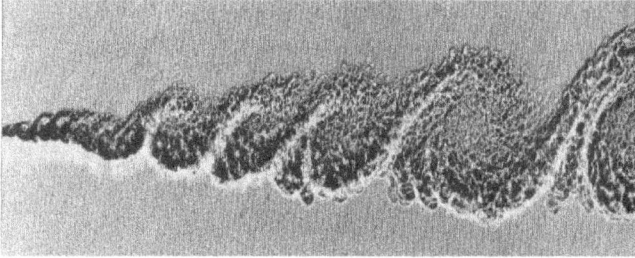

Fig. III.16. *Les structures tourbillonnaires dans une couche de mélange turbulente (Brown et Roshko (1974))*

Au fur et à mesure que ces tourbillons se déplacent vers l'aval de l'écoulement, ils fusionnent avec les tourbillons voisins et augmentent la quantité du fluide entraîné. Ainsi, le jet s'élargit et sa densité augmente (ceci sera détaillé dans la section suivante).

Au final, la comparaison des résultats entre les prévisions numériques et les expériences, ainsi que les résultats exposés dans la littérature, montre un bon accord.

III.4.3   Etude de la densité du mélange sur la trajectoire centrale du jet

La densité du mélange engendré par l'entraînement du fluide ambiant dans le corps du jet est déterminée numériquement sur la trajectoire centrale en fonction des conditions initiales. Le jet du mélange air-hélium est injecté avec un flux initial de quantité de mouvement et de flottabilité (représentés respectivement par la vitesse initiale U_0 et le gradient de densité initial $\Delta\rho_0$) dans un milieu ambiant statique plus dense d'air homogène. Le jet turbulent entraîne dans son écoulement du fluide ambiant moyennant les structures tourbillonnaires qui se développent sur ses limites. Ainsi une quantité d'air ambiant se mélange au jet de sorte que sa densité augmente.

En fixant le nombre de Froude initial, la densité du mélange sur la trajectoire centrale du jet augmente simultanément avec le flux de flottabilité et le flux de quantité de mouvement: plus le gradient de densité initial $\Delta\rho_0$ et la vitesse initiale U_0 augmentent (faibles valeurs de ρ_0 à la source), plus le mélange est dense (Fig. III.17).

Afin de déterminer la prépondérance de l'effet de ces deux flux sur la densité du mélange, on fixe cette fois-ci le gradient de densité initial en prenant le cas d'un jet d'hélium pur. On s'aperçoit que l'augmentation de la densité du mélange est pratiquement indépendante du flux initial de quantité de mouvement et sa variation ne change pas tant que le gradient de densité initial $\Delta\rho_0$ est constant (Fig. III.18). En effet, plus le jet est léger plus le mélange est important. Cependant, le flux de quantité de mouvement ne fait qu'accélérer le processus du mélange.

Dans la couche du mélange formée autour du noyau potentiel, la vitesse du jet décroît sous l'effet du cisaillement pour se raccorder à la vitesse nulle du milieu ambiant statique. D'après Rajaratnam (1976), ce raccordement provoque le décroissement des vitesses du noyau potentiel et l'entraînement du fluide ambiant. Ainsi, ce dernier se mélange au corps du fluide injecté. Etant donné que le fluide du jet est moins dense que celui du milieu ambiant, cet entraînement induit l'augmentation de la densité du jet qui devient importante avec la réduction de la force de flottabilité.

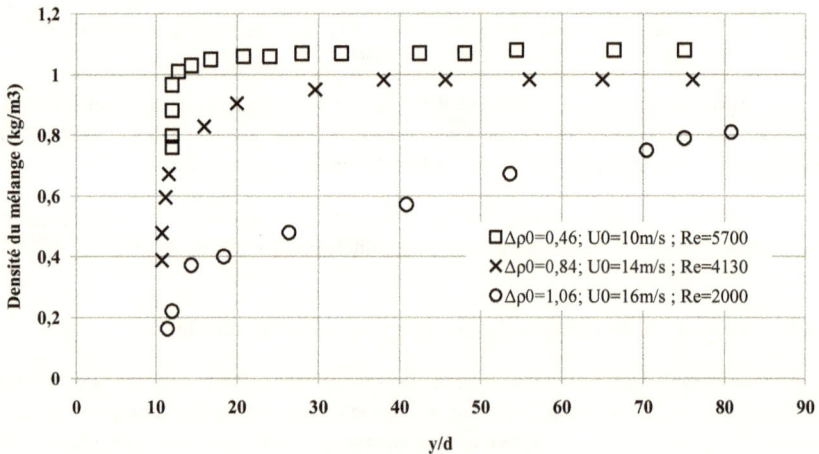

Fig. III.17. *Densité de mélange du jet avec le fluide ambiant sur la trajectoire centrale pour Fr=49 et avec différentes valeurs du gradient de densité initial $\Delta\rho_0$, de la vitesse initiale U_0 et du nombre de Reynolds Re*

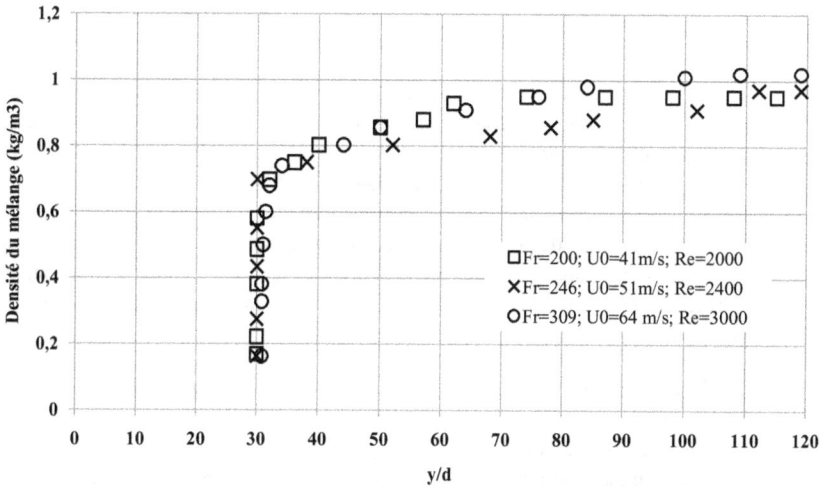

Fig. III.18. *Densité de mélange d'un jet d'hélium pur avec le fluide ambiant sur la trajectoire centrale pour différentes valeurs initiales du nombre de Froude Fr et du nombre de Reynolds*

III.5   Conclusion

Dans ce chapitre, on a présenté une étude numérique et expérimentale d'un jet flottant turbulent rond et "non-Boussinesq", injecté horizontalement dans un milieu statique et homogène. Il s'agit d'un jet de mélange air-hélium dans de l'air. Les modèles mathématique et expérimental ont porté sur la détermination des limites, de la trajectoire centrale et du rayon (demi-épaisseur) du jet tout au long de son développement. La densité du mélange du jet avec le fluide ambiant est déterminée numériquement. Bien que cette étude soit faite dans le cas d'un jet de gaz (air-hélium), les interprétations données sur le comportement du jet sont aussi valables pour des problèmes similaires, puisqu'on travaille en adimensionnel: on pense ici surtout au cas des rejets des eaux usées via les émissaires sous-marins.

Les écoulements sont obtenus en faisant varier les conditions initiales d'injection à la source: diamètre de la buse d, vitesse d'injection U_0 du jet et gradient de densité initial $\Delta\rho_0$ entre le jet et le milieu ambiant. La validation des résultats numériques est faite par des comparaisons avec les résultats expérimentaux issus du modèle expérimental décrit en section 3. Ces comparaisons ont montré un bon accord entre nos résultats numériques et expérimentaux.

Les différentes analyses données dans la section 4 montrent qu'il s'agit d'un écoulement dominé par la flottabilité et non par l'inertie initiale du jet. La remontée de ce dernier est conditionnée par le gradient de densité initial $\Delta\rho_0$: plus il est important, plus le jet remonte rapidement, à des distances plus proches de la buse d'injection. Le flux de quantité de mouvement n'intervient pas dans les régions éloignées de la buse (zone de panache). Dans cette région l'écoulement ne dépend que du rapport entre les flux initiaux de flottabilité et de quantité de mouvement, représenté par le nombre de Froude initial Fr.

La nature turbulente de l'écoulement intervient dans l'entraînement du fluide ambiant dans le corps du jet. Le processus d'entraînement se fait dans la zone dite de mélange au moyen des structures tourbillonnaires. Ces dernières apparaissent sur la surface de séparation du jet en interaction avec le fluide ambiant. La présence de structures tourbillonnaires génère un raccourcissement du noyau potentiel et une décroissance plus rapide de la vitesse axiale du jet. Cette décroissance rapide de la vitesse est accompagnée d'une augmentation conséquente du mélange du jet avec le fluide ambiant. Ainsi, pour un écoulement fortement turbulent, cet entraînement permet au jet de bien se mélanger avec le fluide ambiant, ce qui favorise son expansion et augmente la densité du mélange.

Dans le chapitre suivant, le dernier de ce travail, on se basera sur les analyses établies à partir du présent chapitre et des chapitres précédents pour modéliser à grande échelle la dispersion en surface libre de polluants issus des jets ronds turbulents dans un milieu marin avec présence de courants. Cette étude sera appliquée à la baie de Tanger au Maroc et, pour assurer la validation des résultats numériques, on se basera sur des comparaisons avec quelques résultats de tests physico-chimiques effectués in situ.

Chapitre IV: Modélisation des jets turbulents horizontaux dans un milieu marin en présence d'écoulements transversaux. Application à la dispersion des rejets en surface libre de la baie de Tanger

« Choisis d'entrer dans la mer par les petits ruisseaux. »

Saint Thomas d'Aquin

IV.1   Introduction

Dans la plupart des zones urbaines, une grande partie des eaux usées est évacuée sans traitement par les voies d'eau naturelles, ce qui entraîne naturellement des contaminations bactériennes, d'eutrophisation et de réduction des teneurs en oxygène. Les conséquences de cette pollution organique sont catastrophiques pour presque tous les organismes constituant les peuplements des milieux néritiques. Si la zone de rejet - qui est d'une pollution purement organique - et son panache ne sont pas contrôlés de manière appropriée, les effluents peuvent revenir le long des côtes sans avoir été suffisamment dilués et risquent de contaminer les zones de pêche, d'élevage ou de ramassage de coques, de poissons ou de crustacés, et les plages. Ainsi, parmi les questions fréquemment posées concernant la protection de l'environnement côtier, figure celle du devenir des rejets en mer et notamment ceux des fleuves et des oueds. L'étude et la prévision du devenir d'un effluent doivent caractériser son écoulement, c'est-à-dire prédire son étalement et son déplacement sous l'effet des différents processus qui caractérisent le milieu marin récepteur: ce sont, notamment, les courants, les marées et les conditions météorologiques.

Du point de vue de leur modélisation, les effluents sont considérés comme des jets turbulents à surface libre en interaction avec les courants transversaux du milieu marin. On peut visualiser son évolution par des cartographies de concentration, de densité ou encore de température. La connaissance du panache et des circulations associées est fondamentale pour suivre les apports du fleuve, les dispersions et les modifications physico-chimiques du milieu qui conditionnent le comportement des polluants et l'évolution des organismes.

L'un des facteurs principaux de la dispersion des rejets est l'effet des courants. Ces derniers sont des mouvements à grande échelle de temps, de quelques heures ou plus, responsables du transport de l'ensemble de l'eau sur de grandes distances, loin du point de rejet. On parle ici notamment des courants induits par la marée. A ces courants, se superposent les mouvements turbulents dus aux déplacements désordonnés de petite échelle spatio-temporelle. Ces turbulences, souvent produites par les forts gradients de vitesse, se produisent fréquemment dans la nature, et ce d'autant plus que les mouvements moyens sont importants. Le transport de l'effluent d'un jet est ainsi soumis à différents mécanismes qui interagissent:

- La marée et le vent,
- Les gradients de densité entre l'effluent (souvent de l'eau douce) issu du jet et l'eau salée du milieu marin récepteur,
- La pression provoquée par les apports de l'eau douce de l'effluent, surtout en cas de rejet sous-marin. Ce gradient de pression provoque un déplacement des masses d'eau des hautes pressions vers les basses pressions.

Dans ces mécanismes, la marée constitue un élément primordial dans le processus de transport et son effet est décisif sur la circulation générale de l'effluent. Bien qu'elle soit périodique, la marée induit des changements à long terme à prendre en compte dans les modèles dont le temps caractéristique dépasse le jour. Cette influence peut être directe ou indirecte:

- L'action directe de la marée résulte notamment des interactions avec la topographie, qui engendre une circulation moyenne connue sous le nom de la circulation résiduelle de la marée.
- L'action indirecte résulte de la nature turbulente de la marée. En effet, les mouvements turbulents de la marée entraînent de l'eau de mer en profondeur. L'interaction avec la topographie peut aussi donner naissance à ce type de mélange par des ondes internes qui se propagent à l'interface de deux couches de densités différentes.

De toutes ces considérations, il en résulte que les mécanismes induits par les courants de la marée, les apports d'eau douce et les différents gradients de vitesse et de densité (salinité et/ou température) sont les composantes principales à inclure dans un modèle hydrodynamique. La modélisation hydrodynamique des écoulements côtiers donne accès à des grandeurs difficilement mesurables et permet de cerner la phénoménologie des mouvements des masses d'eau.

Les zones côtières, et notamment les estuaires, sont souvent les siège de rejets industriels et domestiques. Bien que ces rejets, lorsqu'ils sont convenablement traités et dilués, ne soient pas obligatoirement néfastes, il est de première utilité de pouvoir juger leurs effets selon leur nature, leur localisation et leur importance afin de ne pas mettre en danger la vie très intense qui règne dans ces régions. Ces estuaires constituent une voie naturelle pour pénétrer vers le large grâce aux mouvements de la marée et aux courants souvent intenses qui l'accompagnent. Il n'est donc pas étonnant que la plupart des ports soient situés sur des estuaires. A ce propos, toute la côte marocaine, et notamment la baie de la ville de Tanger, est bordée de plages très fréquentées par les touristes, ainsi que de zones de pêche. A Tanger, cette baie est également à proximité immédiate d'un port et d'une station d'épuration qui rejette des eaux usées en profondeur, à quelques kilomètres du rivage. Des analyses sédimentologiques des eaux de surface de la baie ont révélé une contamination saisonnière des côtes, dont l'évolution spatiale et temporelle s'aggrave à cause de nombreux phénomènes.

Les phénomènes estuariens relatifs aux rejets des oueds dans la baie de Tanger ont échappé à toute analyse théorique et il y avait recours uniquement à des analyses physico-chimiques dans des points proches des côtes (Achab et al. (2007) et El Hatimi et al. (2002)). Récemment, l'augmentation des activités portuaires et industrielles a motivé un gros effort de compréhension et de simulation de ces mécanismes et c'est pourquoi on a orienté notre recherche vers la simulation numérique du problème.

Dans ce chapitre, on se propose donc de réaliser, à partir d'un modèle numérique basé sur les équations de Navier-Stokes et le modèle de turbulence k-ε standard, des simulations hydrodynamiques en temps et en dimensions réelles de la dispersion des rejets des eaux usées via les oueds dans la baie de la ville de Tanger. On abordera aussi le problème de la dispersion en profondeur du rejet de la station d'épuration. On a répertorié les différents paramètres physiques nécessaires à la modélisation, puis effectué le suivi numérique de cette dispersion durant un cycle de 48 heures d'une marée semi-diurne et pendant deux périodes de l'année: hivernale et estivale. On recherche, via ces simulations, à obtenir le régime permanent de l'écoulement des rejets dans la baie pour analyser l'influence de la bathymétrie et des courants côtiers présents. Ainsi, la problématique globale de cette étude est basée sur la démarche suivante:

- Localisation cartographique et bathymétrique de la zone d'étude: la baie de Tanger,
- Détermination des courants dominants dans la baie et de leurs différentes caractéristiques spatio-temporelles,
- Localisation des points de rejets et quantification de leur débit,
- Quantification des propriétés de rejets (densité et température).

La traduction de tous ces paramètres en équations, représente le modèle mathématique de l'étude. Cette dernière a consisté à commencer par des simulations en bidimensionnel en se contentant du suivi de la dispersion de rejets en surface libre de la baie, et pendant deux périodes de l'année: l'hiver et l'été. Les constatations retenues ont été utilisées pour passer à une modélisation tridimensionnelle pour simuler la baie dans sa vraie bathymétrie en se limitant à une profondeur de 15m en dessous de la surface libre. Les résultats de ces modélisations ont porté sur le suivi en temps et en espace de l'évolution de la densité, de la température et de la concentration du mélange des rejets des oueds avec l'eau de mer. La validation des résultats numériques est assurée par des comparaisons qualitatives avec les résultats de tests in-situ réalisés par des études sédimentologiques antérieures.

IV.2   Présentation de la zone d'étude: La baie de Tanger (Maroc)

La zone d'étude est la région côtière de la ville de Tanger qui est classée comme étant la cinquième ville industrielle du Maroc et sa principale porte sur l'Europe. Tout au nord de l'Afrique et face à la pointe de l'Europe, cette zone a la caractéristique d'être, sur la carte du Maroc, le point de croisement de deux longues façades maritimes: 3500 km dont plus de 500 km sur la Méditerranée et un peu de moins de 3000 km sur l'Atlantique. Elle se situe au Nord-Ouest du continent africain sur le parallèle 35°47' nord et le méridien 5°48' ouest de Greenwich. La largeur du détroit varie de 44 km à l'ouest à 15 km à l'est. La baie de Tanger est dotée d'une géographie en forme de croissant sur 14 km de cotes. Elle est ouverte sur l'extrémité occidentale du détroit de Gibraltar, à environ 15km des côtes espagnoles (Figure IV.1).

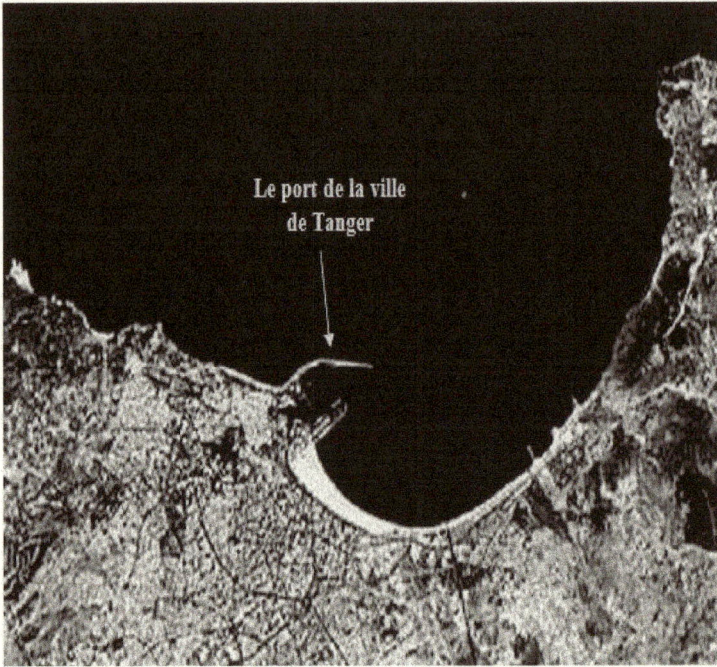

Fig. IV.1. *Photo satellitaire de la baie de Tanger*

IV.3.1   Réseau hydrographique

La baie de Tanger est dotée d'un réseau hydrographique assez dense. La ville est caractérisée par des oueds à faibles débits qui traversent les zones urbanisées et industrialisées et qui se répartissent en cours d'eau débouchant dans l'Océan Atlantique (Oued Hachef, Oued Boukhalf, Oued Bougadou, Oued Mharhar) et des cours d'eau débouchant dans la baie vers le détroit de Gibraltar : Oued Lihoud, Oued Souani, Oued Meghogha, Oued Mellaleh et Oued Chatt (Fig. IV.2). Ce sont ces derniers qui font l'objet de notre étude. Généralement ces cours d'eau sont caractérisés par leur petit bassin versant de forme trapue, leur développement linéaire très court, et, surtout par leur débit moyen interannuel faible (23,5 l/s) (R.A.I.D. (1994)). En aval, le débit de ces oueds est permanent à cause du drainage des eaux usées de la ville. Cependant, en période hivernale, ces oueds ont des apports très importants capables d'inonder les quartiers dans les zones basses de la ville sous l'effet de l'imperméabilité du sol et des pentes des collines environnantes (El Hatimi et al. (2002)).

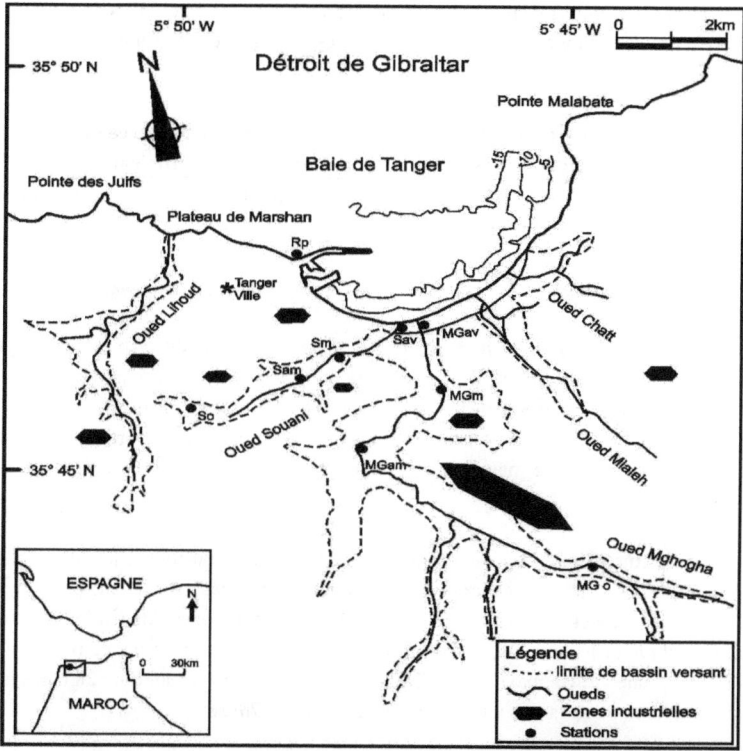

Fig. IV.2. *Position géographique et réseau hydrographique de la baie de Tanger (El Hatimi et al. (2002))*

Sur le plan hydrologique, "Oued Meghogha" est le plus important de Tanger; il culmine à 415 m d'altitude avec une longueur de 17 km et une superficie de bassin versant de 74 km², avec une pente moyenne de 1,2%. En revanche, "Oued Souani" est de très faible débit, fonction des précipitations. Il s'étend sur une longueur de 3 km et se développe dans un bassin strictement urbain de très faible extension (11 km²) constitué des basses collines de la ville (L.C.H.F. (1972)).

IV.3.2 Conditions océanographiques

La marée est de type semi-diurne à légère inégalité diurne, les deux pleines mers et les deux basses mers de chaque jour n'ayant pas des hauteurs strictement égales (Amendis (2002)). La durée moyenne de la marée montante est de 6h05' et celle de la marée descendante est de 6h15', la durée totale d'une marée étant donc de 12h20'.

L'onde de marée franchit le détroit de Gibraltar du Sud-Ouest vers le Nord-Est. Les hauteurs de marée sur toute la zone du site sont très proches de celles mesurées à l'extérieur du port de Tanger.

Hauteur (m) de marée de Vive-eau moyenne (coefficient 95 à Brest)		Hauteur (m) de marée de Vive-eau moyenne (coefficient 45 à Brest)	
Pleine mer	Basse mer	Pleine mer	Basse mer
2.29	0.34	1.71	0.85

Tab. IV.1. *Les hauteurs de la marée dans le port de Tanger (Amendis (2002))*

Le niveau moyen de la mer est de 1,4 m. À l'intérieur de la baie de Tanger, les courants de marée ont une vitesse de l'ordre de 0,3 m/s à 0,5 m/s. Le flot porte vers l'Est et le jusant vers l'Ouest. Par vents violents de secteur ouest, la hausse du niveau de la mer peut atteindre 0,2 à 0,45 m. Il est donc possible d'atteindre des niveaux de l'ordre de 3 m à cause de la conjugaison entre une marée de vives-eaux exceptionnelles et un vent violent d'ouest (Amendis 2002).

Généralement, dans la zone d'étude, les courants sont beaucoup plus faibles que ceux dans le détroit de Gibraltar. A ce propos, les courants de la marée dans la baie portent, en flot, vers le Cap Malabata et, en jusant, vers la ville. D'après la mission S.E.H.O.M. (1950) dans le détroit de Gibraltar, le flot (Fig. IV.3) qui est présent de 4h avant la pleine mer (PM) à 2h après la PM, a une vitesse maximale de 2m/s. Le jusant (Fig. IV.4) qui dure 2h après la PM à 4h avant la PM suivante; a une vitesse qui peut atteindre 2,7m/s.

Dans la baie, à proximité du littoral, les courants de la marée sont généralement inférieurs à 0,5m/s et, le plus souvent, de l'ordre de 0,1 à 0,2m/s. Même si ils ne sont pas trop forts pour entraîner des grandes quantités de sable, ces courants sont un facteur principal pour le transport des apports de masses d'eau issues des oueds débouchant dans la baie. Plus au large, ils sont plus forts et peuvent atteindre des vitesses de l'ordre de 0,7 à 0,8m/s devant le Cap Malabata.

Les fluctuations atmosphériques dans la baie de Tanger concernent les dénivellations par rapport au niveau de la marée. D'après le rapport d'Amendis (2002), elles varient de -0.2 à +0.5. Ces fluctuations sont dues essentiellement à l'effet des vents, ceux d'Ouest provoquant des surélévations alors que ceux d'Est engendrent des abaissements de niveau.

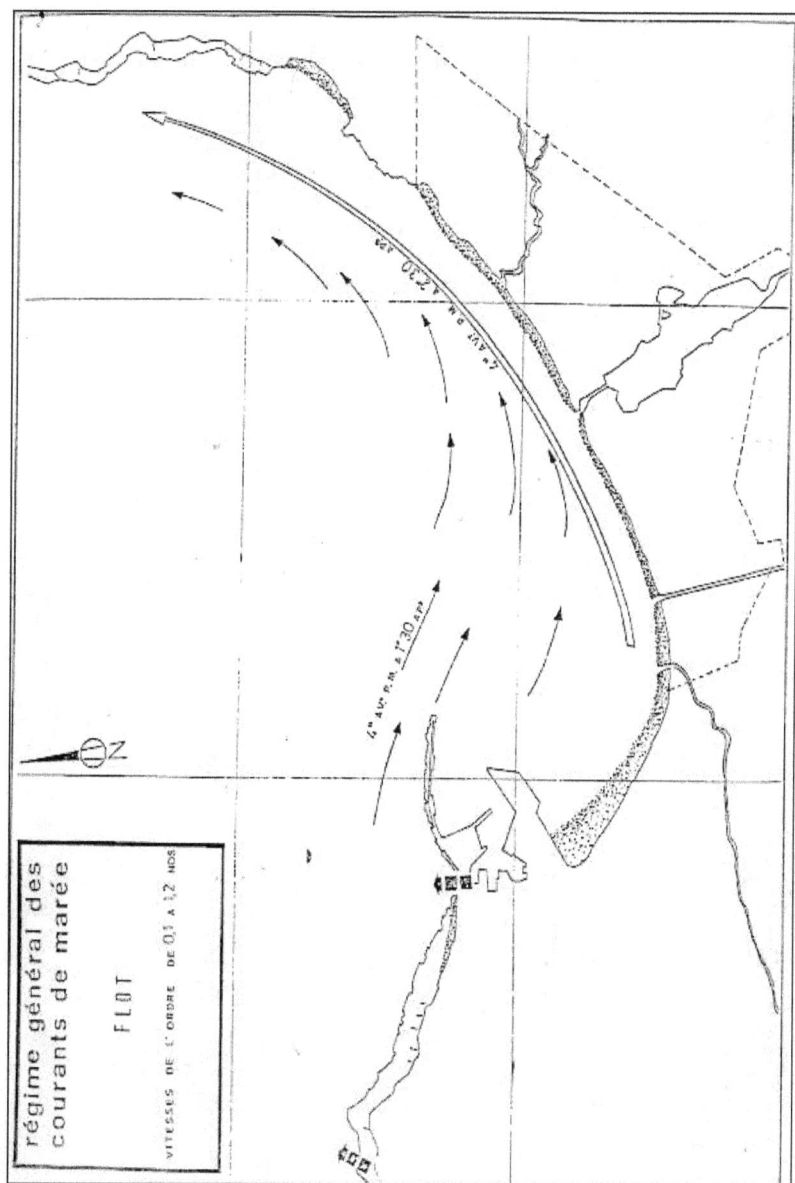

Fig. IV.3. *Direction des courants de flot de la marée dans la baie de Tanger (SOGREAH (2002))*

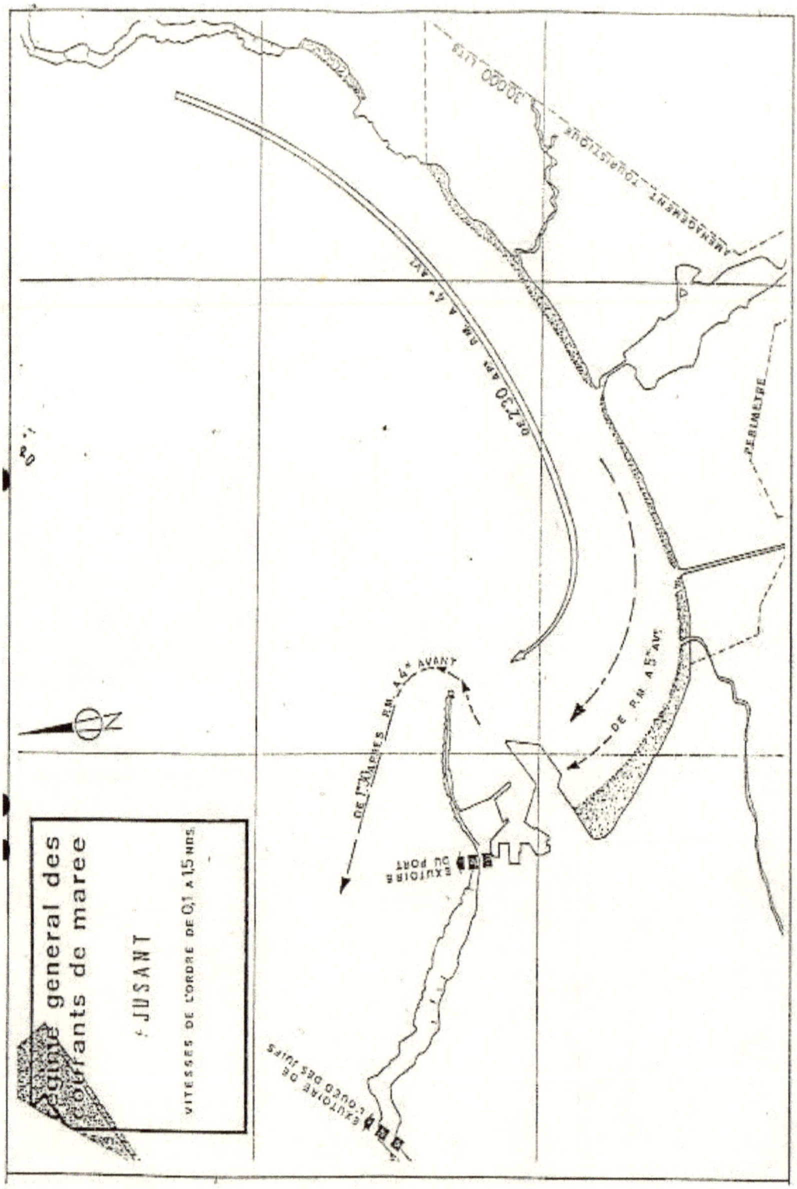

Fig. IV.4. *Direction des courants de jusant de la marée dans la baie de Tanger SOGREAH (2002))*

IV.3.3 Salinité et Température des eaux côtières

La densité de l'eau de mer dépend davantage de la salinité que de la température. La densité de l'eau de mer est également plus sensible à la température que celle de l'eau douce. On note une densité de 4.01 g/cm^3 et une salinité de 5 (0,50%) à 3°C. A ce propos, l'eau de mer froide est environ 2,40% plus lourde que l'eau douce froide ou chaude.

La répartition de la salinité en surface est moins zonale que celle de la température. Le caractère zonal de la distribution de température est dû au fait que la température de surface est liée à l'ensoleillement, qui dépend fortement de la latitude. Le premier facteur qui détermine la salinité est le bilan évaporation-précipitation qui est moins zonal que l'ensoleillement (forte influence des climats continentaux). Ainsi, les effets de la très forte évaporation au niveau des anticyclones subtropicaux (comme l'anticyclone des Açores) apparaissent nettement dans la distribution de salinité de surface.

IV.2.3.1 Salinité

La salinité est le caractère essentiel de l'eau de mer. L'océan contient en moyenne 35 grammes de sel par kilogramme d'eau de mer. L'augmentation importante de la salinité dans les 800 premiers mètres d'eau induit, en association avec la baisse de température, une augmentation de la densité de l'eau (de 1,024 g/cm^3 en surface, à 1,027 g/cm^3 à 1000 m de profondeur). Dans les régions où il y a des évaporations élevées, l'eau de mer devient plus salée, tandis que la salinité chute dans les régions plus fraîches, en raison de la fonte des glaces. Cependant, l'apport des grands fleuves et des estuaires a des effets visibles sur la variation de salinité.

La présence du sel dans l'eau modifie certaines propriétés comme la densité, la compressibilité et le point de congélation. D'autres propriétés comme la viscosité et l'absorption de la lumière, ne sont pas influencées de manière significative. Enfin certaines propriétés sont essentiellement déterminées par la quantité de sel dans l'eau, comme la conductivité et la pression osmotique.

La distribution verticale de salinité et de température dans la baie de Tanger a fait l'objet des campagnes de mesure de l'IFREMER (L'Institut Français de Recherche pour l'Exploitation de la Mer) de 1990 à environ 2000, ainsi que celles réalisées par le laboratoire LPEE (Laboratoire Public d'Essais et d'Etudes) durant une campagne courantographique en 2002 (Fig. IV.5).

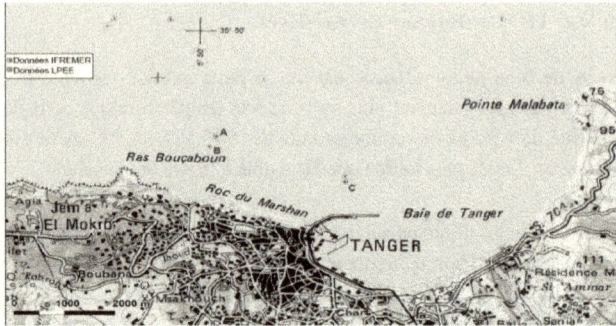

Fig. IV.5. *Points de mesure de température et de salinité réalisés par IFRMER et LPEE dans la baie de Tanger (SOGREAH (2002))*

Pour la modélisation de l'écoulement des effluents de rejets dans la baie de Tanger, on tire des données de l'IFREMER et de LPEE les conditions les plus défavorables pour la dispersion:

- En hiver: la variation de la salinité est régulière en fonction de la profondeur. D'après les données de l'IFREMER, la salinité varie entre 36,4g/l en surface libre et 38g/l à -60m de profondeur et (Fig. IV.6),
- En été: la salinité en fonction de la profondeur est plus homogène à cette saison. D'après les données de LPEE, la salinité suit une évolution quasi-linéaire qui passe de 36,5g/l en surface à 37,4g/l à -60m de profondeur (Fig. IV.7).

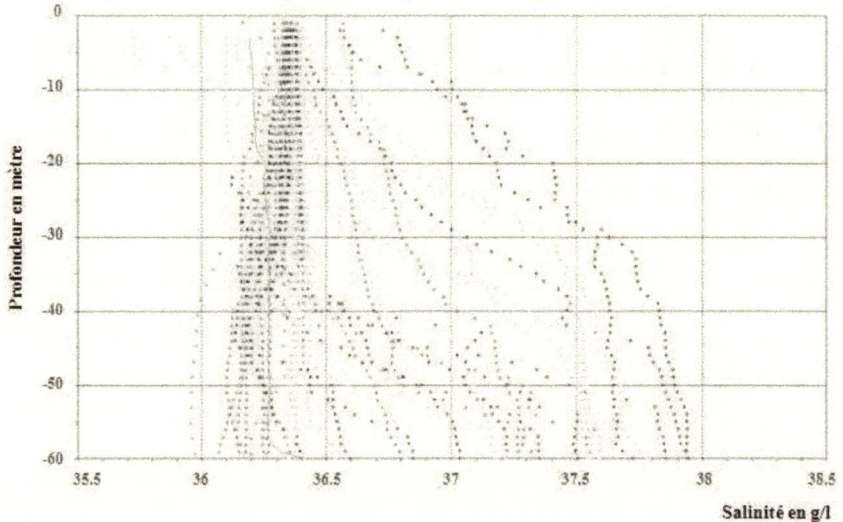

Fig. IV.6. *Distribution de la salinité en profondeur de la baie de Tanger en en hiver (SOGREAH (2002))*

74

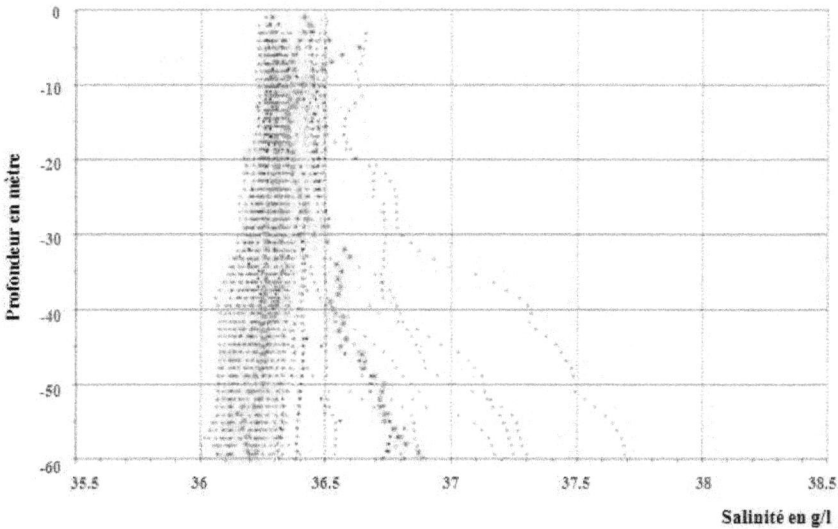

Fig. IV.7. *Distribution de la salinité en profondeur de la baie de Tanger en en été*
(SOGREAH (2002))

IV.2.3.2 Température

La répartition de la température en couches peu profondes est d'un caractère plus zonal que celle de la salinité. Ceci est dû à la variation des conditions climatiques qui règnent sur les terres voisines: l'effet de l'ensoleillement qui dépend fortement de la latitude, le rythme de la marée, la variation de la fréquence des vents, etc.

Ainsi, la température des eaux superficielles dans la baie de Tanger subit des écarts saisonniers. D'après les données des campagnes de mesure de l'IFREMER et de LPEE pour les profils de température en profondeur, on a déduit que:

- En hiver: la température varie peu en fonction de la profondeur. Une légère variation, entre 14 et 15°C à -60m de profondeur et 16,5°C en surface a été retenue (Fig. IV.8),
- En été: la variation de la température avec la profondeur est plus importante par rapport aux autres saisons. Les profils retenus sont 21,5°C en surface et 16°C à -60m de profondeur (Fig. IV.9).

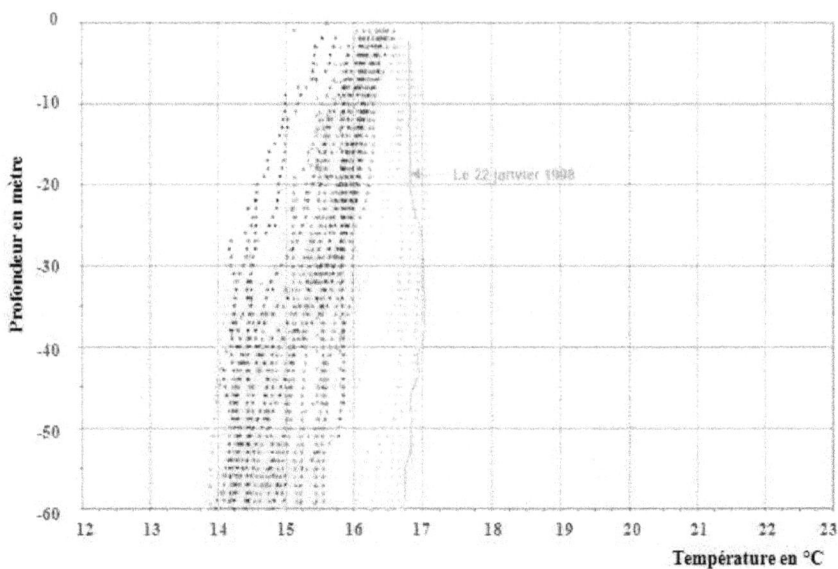

Fig. IV.8. *Distribution de la température en profondeur de la baie de Tanger en hiver (SOGREAH (2002))*

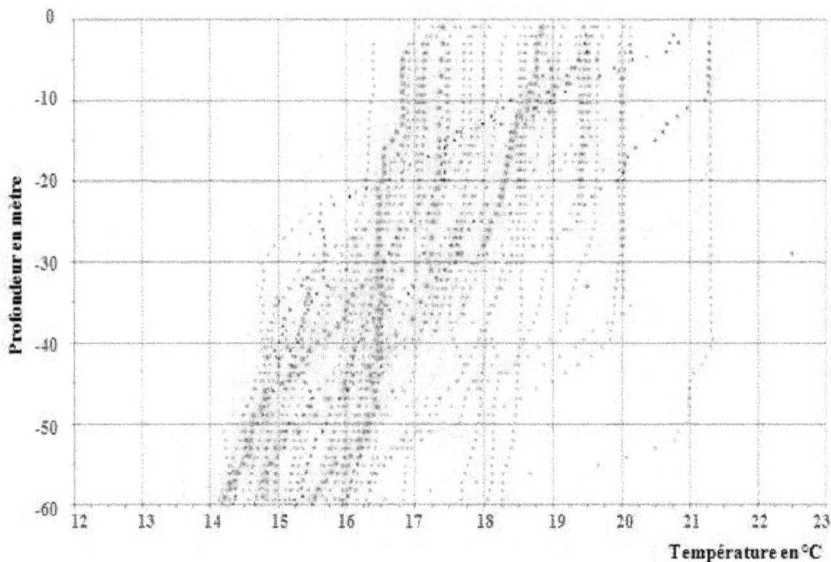

Fig. IV.9. *Distribution de la température en profondeur de la baie de Tanger en été (SOGREAH (2002))*

IV.3 Modélisation numérique de la dispersion des rejets en surface libre de la baie de Tanger

IV.3.1 Hypothèses générales du modèle mathématique

Physiquement, les rejets des oueds Lihoud, Mellaleh, Souani, Meghogha et Chatt sont considérés comme des jets éjectés en surface libre. Il s'agit d'écoulements incompressibles issus des embouchures des oueds, supposés se comporter comme des buses d'éjection. Ces jets d'eau douce dans un milieu marin récepteur en mouvement à cause des courants marins transversaux, sont caractérisés par leurs débits saisonniers. Dans la baie, l'écoulement des oueds se met en interaction avec le milieu marin qui est caractérisé par les vitesses de flux et de reflux de la marée. Ainsi, il s'agit d'un processus instationnaire. Les gradients de densité entre les oueds et le milieu marin sont des gradients de température et de concentrations. Suivant la saison, la température et la salinité des eaux côtières de la baie changent et le gradient de densité varie. Cependant le rapport entre ρ_0, la densité des jets, et ρ_a la densité du milieu marin (densité de référence), est faible. Ceci permet d'adopter l'approximation de Boussinesq (Swain et al. (2003)).

IV.3.2 Mise en équations

En se basant sur les hypothèses précédentes, on reformule les équations de conservation développées dans le chapitre II, section 3, pour un écoulement incompressible et instationnaire avec l'approximation de Boussinesq. Ainsi, on obtient respectivement, les équations de conservation moyennées de masse, de quantité de mouvement, d'énergie et de concentration:

$$\frac{\partial \overline{u_i}}{\partial x_i} = 0 \qquad i = 1, 2, 3 \tag{IV.1}$$

$$\frac{\partial \overline{u_i}}{\partial t} + \overline{u_j}\frac{\partial \overline{u_i}}{\partial x_j} = -\frac{1}{\rho_a}\frac{\partial \overline{p}}{\partial x_i} + \frac{\partial}{\partial x_j}\left(v\frac{\partial \overline{u_i}}{\partial x_j} - \overline{u_i' u_j'} \right) - \frac{\rho - \rho_a}{\rho_a} g \tag{IV. 2}$$

$$\frac{\partial \overline{T}}{\partial t} + \overline{u_i}\frac{\partial \overline{T}}{\partial x_i} = \frac{1}{\rho c_p}\left(\frac{\partial \overline{p}}{\partial t} + \overline{u_i}\frac{\partial \overline{p}}{\partial x_i} \right) + \frac{\partial}{\partial x_i}\left(\alpha\frac{\partial \overline{T}}{\partial x_i} - \overline{u_i' T'} \right) \tag{IV. 3}$$

$$\frac{\partial \overline{C}}{\partial t} + \frac{\partial (\overline{u_i C})}{\partial x_i} = \frac{\partial}{\partial x_i}\left(D\frac{\partial \overline{C}}{\partial x_i} - \overline{u_i' C'} \right) \tag{IV. 4}$$

C représente la salinité S (concentration en sel) du milieu marin ambiant et D est le coefficient de diffusion du sel dans l'eau douce.

Dans les équations (IV.2), (IV.3) et (IV.3) apparaissent les termes de corrélations doubles des fluctuations de vitesse $\overline{u_i' u_j'}$, de température $\overline{u_i' T'}$ et de concentration $\overline{u_i' C'}$. Pour la fermeture de ces équations on a toujours recours au modèle de turbulence du premier ordre à deux équations de transport $k\text{-}\varepsilon$ standard, décrit dans la section 3 du chapitre II : les équations

---

77

de conservation de l'énergie cinétique turbulente k et de son taux de dissipation ε sont, respectivement:

$$\frac{\partial k}{\partial t} + \overline{u_j}\frac{\partial k}{\partial x_j} = \nu_t\left(\frac{\partial \overline{u_i}}{\partial x_j} + \frac{\partial \overline{u_j}}{\partial x_i}\right)\frac{\partial \overline{u_i}}{\partial x_j} + \frac{\partial}{\partial x_j}\left(\frac{\nu_t}{\sigma_k}\frac{\partial k}{\partial x_j}\right) - \varepsilon \qquad \text{(IV.5)}$$

$$\frac{\partial \varepsilon}{\partial t} + \overline{u_j}\frac{\partial \varepsilon}{\partial x_j} = C_{\varepsilon 1}\nu_t\frac{\varepsilon}{k}\left(\frac{\partial \overline{u_i}}{\partial x_j} + \frac{\partial \overline{u_j}}{\partial x_i}\right)\frac{\partial \overline{u_i}}{\partial x_j} - C_{\varepsilon 2}\frac{\varepsilon^2}{k} + \frac{\partial}{\partial x_j}\left(\frac{\nu_t}{\sigma_\varepsilon}\frac{\partial \varepsilon}{\partial x_j}\right) \qquad \text{(IV.6)}$$

avec: $\nu_t = C_\mu \dfrac{k^2}{\varepsilon}$. Les constantes qui apparaissent dans ces deux équations sont les constantes du modèle $k\text{-}\varepsilon$ standard et dont les valeurs ont été mentionnées dans le tableau II.1 du chapitre II:

$$C_\mu = 0.09; \quad C_{\varepsilon 1} = 1.44; \quad C_{\varepsilon 2} = 1.92; \quad \sigma_k = 1 \quad \text{et} \quad \sigma_\varepsilon = 1$$

IV.3.3 Conditions aux limites et hypothèses de calcul

Les conditions initiales et aux limites du modèle mathématique construit par les équations et les hypothèses précédentes, doivent reproduire les conditions réelles du processus côtier de la baie. Ces conditions, représentées sur la figure IV.10, sont opérées de la manière suivante:

- Pour les cinq oueds et la canalisation majeure de la ville de Tanger qui versent dans la baie, on a représenté leurs débits moyens (en hiver et en été) en imposant une vitesse d'écoulement U_0 constante et normale aux différentes embouchures. La température saisonnière moyenne correspondante est prise constante au cours du temps.
- Sur les côtes, on a imposé des flux nuls pour toutes les quantités de l'écoulement en supposant qu'il s'agit des parois imperméables.
- Du côté de l'Océan Atlantique, on a imposé une vitesse constante U_w des courants marins dont la direction et la vitesse moyenne changent suivant les mouvements de flux et de reflux de la marée.
- Pour le côté Nord (vers l'Espagne) et le côté Est (vers la Méditerranée) où les paramètres de l'écoulement ne sont plus connus, on impose une condition de sortie qui assume un gradient nul pour toutes les variables de l'écoulement à l'exception de la pression.
- Une condition aux limites de type "symmetry" est imposée au niveau de la surface libre de la baie.

Finalement, à l'instant initial (t=0), la densité, la température et la salinité de l'eau salée (selon la saison : hiver ou été) ont été imposées à l'ensemble de la baie.

On résume dans le tableau suivant les conditions aux limites et les conditions sur k et ε:

Conditions aux limites	Vitesse	Energie cinétique turbulente	Taux de dissipation
Embouchures des oueds	$\overline{u}_1 = \overline{u}_3 = 0,\ \overline{u}_2 = U_0$	$k = k_0 = 10^{-3} U_0^2$	$\varepsilon = k_0^{3/2} / 0.5d$
Les courants de la marée	$\overline{u}_1 = U_w,\ \overline{u}_2 = \overline{u}_3 = 0$	$k = k_0 = 10^{-3} U_w^2$	$\varepsilon = k_0^{3/2} / 0.5l$
Sortie de l'écoulement	$\dfrac{\partial \overline{u}_i}{\partial n} = 0 \quad (i = 1,2,3)$	$\dfrac{\partial k}{\partial n} = 0$	$\dfrac{\partial \varepsilon}{\partial n} = 0$
Les côtes	$\overline{u}_1 = \overline{u}_2 = \overline{u}_3 = 0$	$\dfrac{\partial k}{\partial y} = 0$	$\dfrac{\partial \varepsilon}{\partial y} = 0$

Tab. IV.2. *Conditions aux limites et initiales généralisées*

D'après les campagnes de mesure des différents paramètres météorologiques et marins, les enregistrements ont révélé des données qui fluctuent suivant les différentes saisons de l'année. Dans notre cas, on a réalisé les simulations en se basant sur les données les plus défavorables (les plus forts débits enregistrés) des vitesses de rejets des oueds entre l'hiver et l'été. Pour les courants de la marée, on a noté la vitesse de la marée montante et de la marée descendante. Les propriétés physiques (température, densité, salinité, etc.) ont été prises pour les deux saisons hivernale et estivale de l'année. On résume dans le tableau IV.3 toutes ces données.

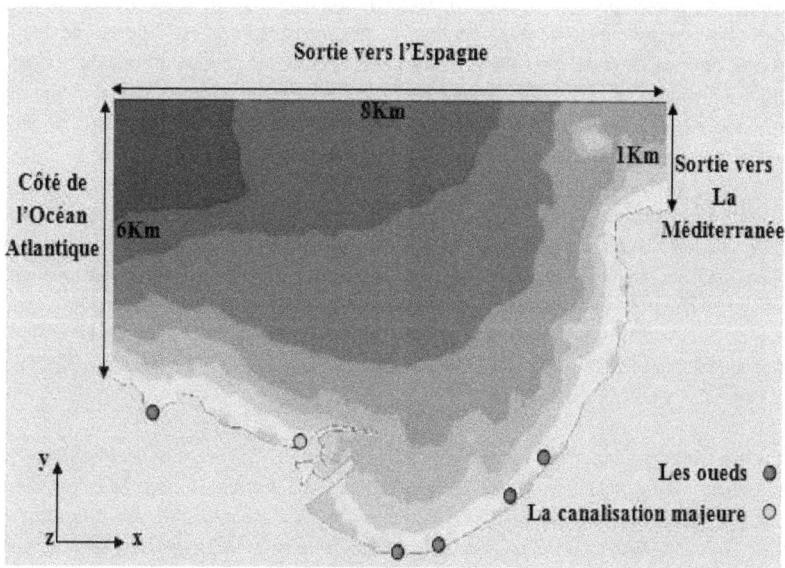

Fig. IV.10. *Domaine de calcul: géométrie et conditions aux limites*

La vitesse des courants de la marée		
La marée montante	2.05m/s	
La marée descendante	0.77m/s	

Les vitesses de rejets des oueds à leurs embouchures		
Les oueds	*Hiver*	*Été*
Chatt	3m/s	1m/s
Mellaleh	3m/s	1m/s
Meghogha	3m/s	1m/s
Souani	3m/s	1m/s
La canalisation majeure	3m/s	3m/s
Lihoud	3m/s	2m/s

Propriétés physiques des rejets et du milieu marin récepteur				
	Rejets des oueds		*Eaux côtières*	
	Hiver	*Été*	*Hiver*	*Été*
Salinité (g/l)	0	0	36	36
Température(K)	294	299	291	295
Densité (kg/m^3)	998	996	1027	1025

Tab. IV.3. *Les valeurs des conditions initiales suivant les données de SOGREAH (2002)*

La modélisation de la plupart des modèles numériques, exige de commencer tout d'abord par une modélisation en bidimensionnel. Cette dernière, jugée rapide et simplificatrice, est une étape primordiale pour valider le modèle de calcul par le choix d'un maillage convenable qui, avec des conditions aux limites bien imposées, mène à la convergence numérique. À partir des résultats de cette étape on peut passer à une modélisation encore plus réaliste et complexe en tridimensionnel. C'est cette démarche qu'on a adoptée pour notre étude et on a donc commencé à simuler le processus de la dispersion des rejets uniquement au niveau de la surface libre de la baie moyennant une modélisation bidimensionnelle. Ensuite, on est passé à une modélisation tridimensionnelle où l'on a introduit la troisième dimension z pour tenir compte de la bathymétrie de la baie.

En bidimensionnel et vu que la baie présente une géométrie trop complexe par la courbure de la côte et ses grandes dimensions, on a adopté un maillage variable en divisant la surface totale de la baie en plusieurs sous-surfaces régulières. Ces dernières sont maillées en quadrangles dans les zones loin des embouchures des oueds et en triangles au niveau de la côte (Fig. IV.11). Par cette conception, on est arrivé à bien resserrer le maillage au niveau des embouchures des oueds et à le desserrer au fur et à mesure qu'on s'en éloigne. Le nombre total des cellules obtenu est de 164000.

En tridimensionnel, on a pareillement tenté à serrer le maillage prés des embouchures des rejets et le long de la côte et à le desserrer ailleurs. La profondeur de la baie était prise en compte jusqu'à -15m en dessous de la surface libre. La géométrie de la profondeur était réalisée en se basant sur les cartes de bathymétrie de la baie de Tanger et en respectant les différents niveaux de pente. Le maillage tridimensionnel en blocs (superposés suivant l'axe *z*) et en éléments tétraédriques est d'environ trois millions cellules (Fig. IV.12).

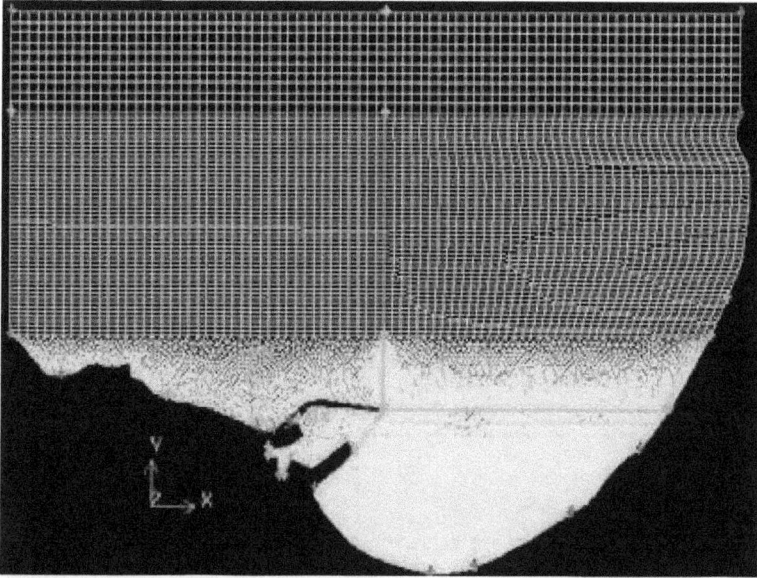

Fig. IV.11. *Maillage bidimensionnel adopté pour la surface libre de la baie de Tanger*

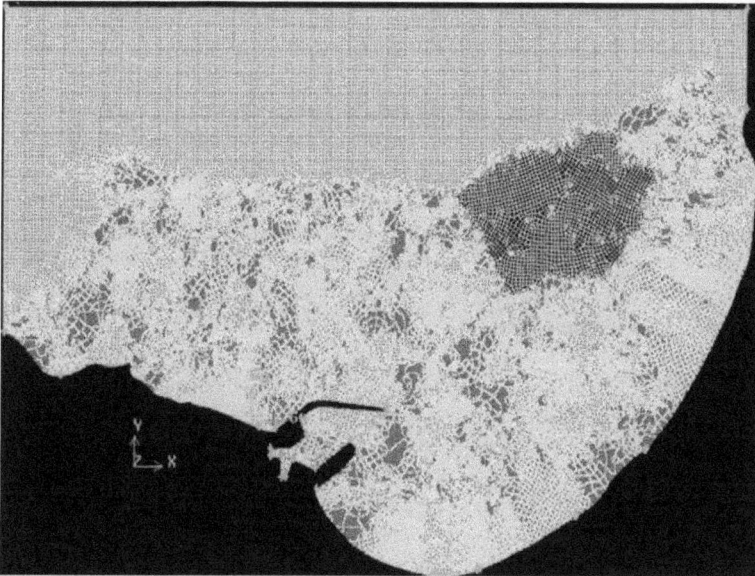

Fig. IV.12. *Vue depuis la surface libre du Maillage tridimensionnel adopté pour la baie de Tanger*

Fig. IV.13. *Vue du maillage tridimensionnel près des embouchures des oueds*

Pour résoudre les équations de conservation (section IV.4.2) avec leurs conditions aux limites et initiales (Tab. IV.2 et Tab. IV.3), on utilise la méthode des volumes finis (développée dans le chapitre II, section 5) et le code de calcul Fluent. Pour la précision des résidus, on a gardé les valeurs recommandées par le code, soit 10^{-3} pour toutes les variables de l'écoulement. On a vérifié que l'augmentation de cette précision n'avait pratiquement aucune influence.

IV.3.4   Résultats et discussions

Comme on l'avait signalé auparavant, la modélisation numérique du processus étudié est répartie en une simulation bidimensionnelle et en une simulation tridimensionnelle. Dans la première, on a suivi au niveau de la surface libre de la baie le mécanisme de la dispersion des rejets. Ceci nous a permis d'avoir des informations précieuses sur l'écoulement généré au voisinage des plages de la baie par l'interaction des rejets et des mouvements de flux et de reflux de la marée (Belcaid et al. (2011)). Ces constatations ont été utilisées pour passer ensuite à la modélisation tridimensionnelle où l'on a pris en considération l'effet de la bathymétrie de la baie jusqu'à une profondeur de -15m en dessous de la surface libre (Belcaid et al. (2012)).

IV.3.4.1 Étude numérique en bidimensionnel

La simulation numérique du modèle mathématique adopté, est répartie en deux processus: celui traitant le cas de la dispersion pendant la saison hivernale et l'autre pendant la saison estivale. Dans chacun des deux cas, on a tenu en compte l'effet du courant de la marée semi-diurne par l'alternance, au bout de chaque six heures, entre la marée montante et la marée descendante.

- **Simulation en période hivernale**

Durant cette période, on a commencé à simuler le problème pendant la durée d'une marée descendante. Une fois le processus cerné et les résultats de visualisation représentant bien le phénomène de dispersion, on est passé à la simulation de la marée montante. Ainsi, on présente ici les résultats pour les 12 heures du processus de la marée semi-diurne.

On présente dans les figures IV.14 et IV.15, les contours de densité pour les deux marées descendante et montante successives. La couleur rouge indique l'eau de mer salée et la couleur bleue indique les rejets des oueds. Le suivi du phénomène est représenté toutes les deux heures pour chaque marée.

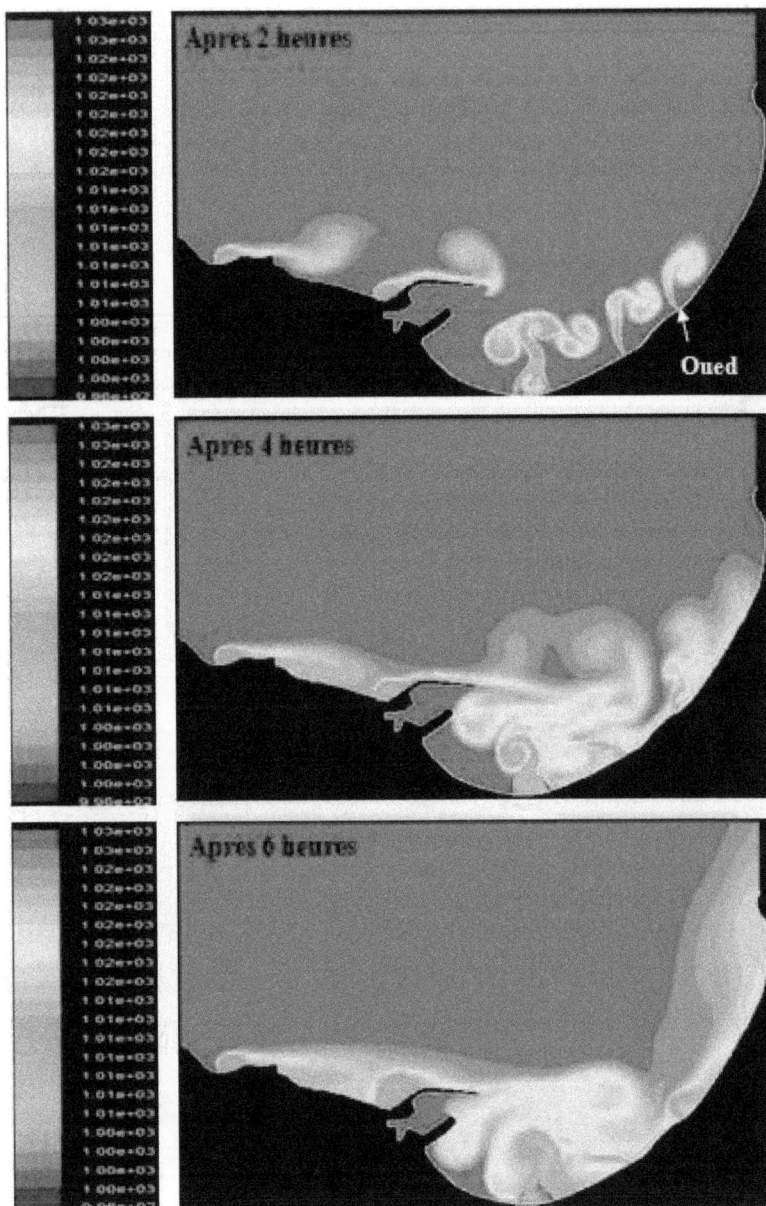

Fig. IV.14. *Evolution du panache de densité des rejets en surface libre de la baie durant les 6 heures d'une marée descendante en hiver*

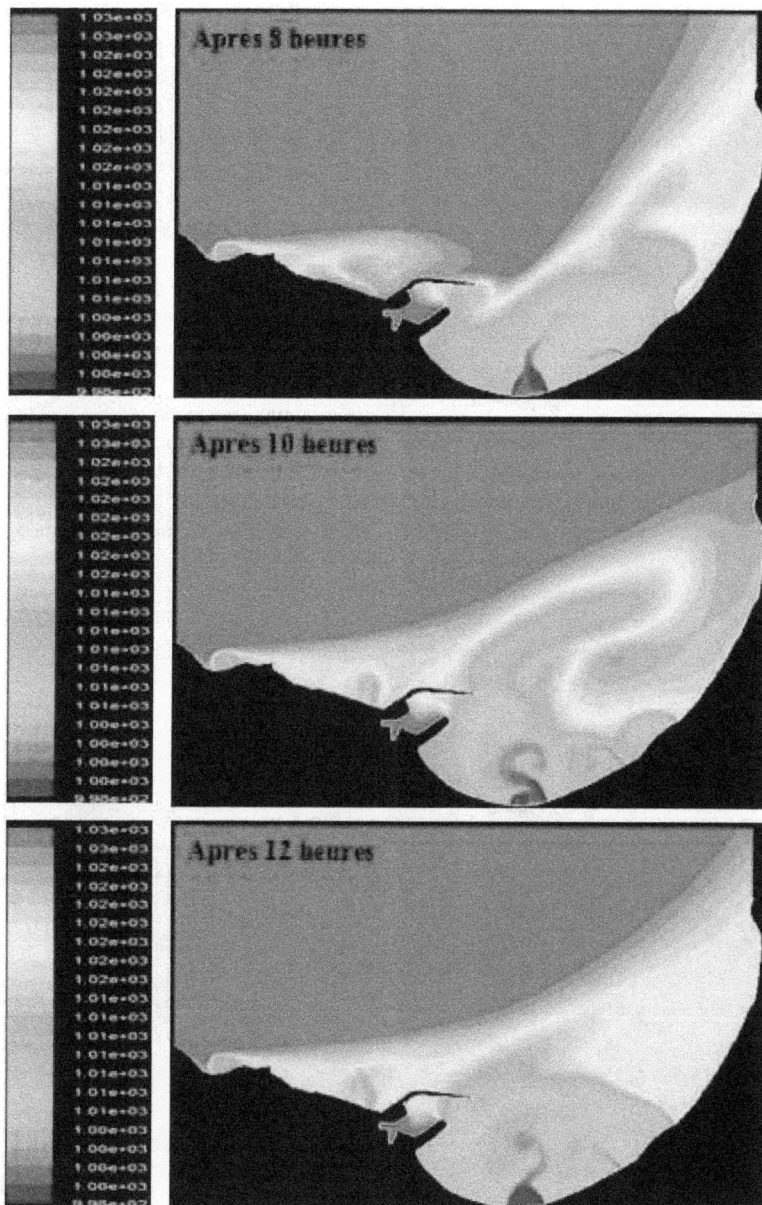

Fig. IV.15. *Evolution du panache de densité des rejets en surface libre de la baie après les 6 heures d'une marée montante en hiver*

En période hivernale, les débits des rejets sont importants et leur propagation dans la baie est rapide. Vu la présence du port, la dispersion des rejets prend deux aspects différents entre l'Est et l'Ouest: durant la marée descendante: au cours de la première heure de simulation et à l'Est du port, tous les rejets des oueds pénètrent dans les eaux côtières de la baie sous forme de tourbillons (Fig. IV.16) générés par leur interaction. Ceci est surtout le cas pour les deux oueds Souani et Meghogha. Les rejets de ces derniers présentent une forte interaction du fait de la faible distance qui les sépare. Cette interaction tourbillonnaire donne naissance à une dispersion aléatoire et rapide des rejets. A l'Ouest du port, l'interaction des rejets d'oued Lihoud et de la canalisation majeure est lente du fait de la grande distance qui les sépare. Au cours du temps, tous les rejets des oueds (à l'Est et à l'Ouest du port) se rencontrent et le processus de dispersion évolue rapidement. La forte interaction de ces rejets donne un sens plus intense à leur écoulement et ils finissent par entourer l'ensemble du port et à y rentrer.

Vers la fin des six heures de la marée descendante, la totalité de la baie se trouve infectée par les rejets, avec des concentrations différentes qui prennent des valeurs maximales près de la côte et surtout aux alentours des embouchures des oueds à l'Est du port. A l'arrivée de la marée montante, avec un courant de l'Ouest vers l'Est et une vitesse importante (2.05m/s), la dispersion des rejets se trouve freinée et amortie au cours du temps. Ce courant a tendance à bloquer les rejets vers l'Est du port, ce qui leur permet de s'étaler le long de la côte et de bien se propager vers La Méditerranée. Vers la fin des six heures de cette marée, la zone de rencontre des rejets des oueds à l'Est du port s'élargit et devient plus dense. Par conséquent, ceci augmente le taux des rejets qui s'écoulent vers l'intérieur du port.

Fig. IV.16. *Evolution du panache de densité des rejets en surface libre de la baie après la première heure de la marée descendante en hiver*

- **Simulation en période estivale**

En procédant de la même manière qu'en période hivernale, on présente ci-après les résultats de simulation du processus de dispersion des rejets dans la baie de Tanger en été. Les figures IV.17 et IV.18 présentent, respectivement, les contours de densité pour deux marées: descendante et montante successives pour une durée totale de 12 heures.

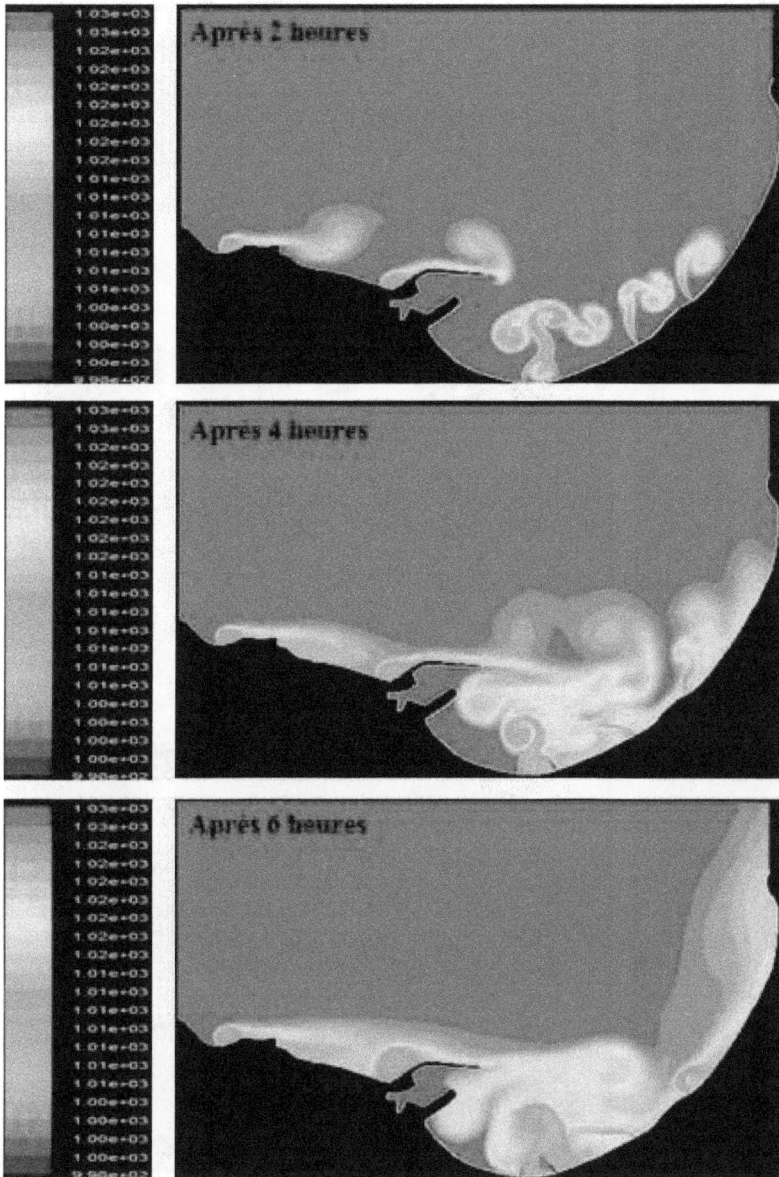

Fig. IV.17. *Evolution du panache de densité des rejets en surface libre de la baie durant les 6 heures d'une marée descendante en été*

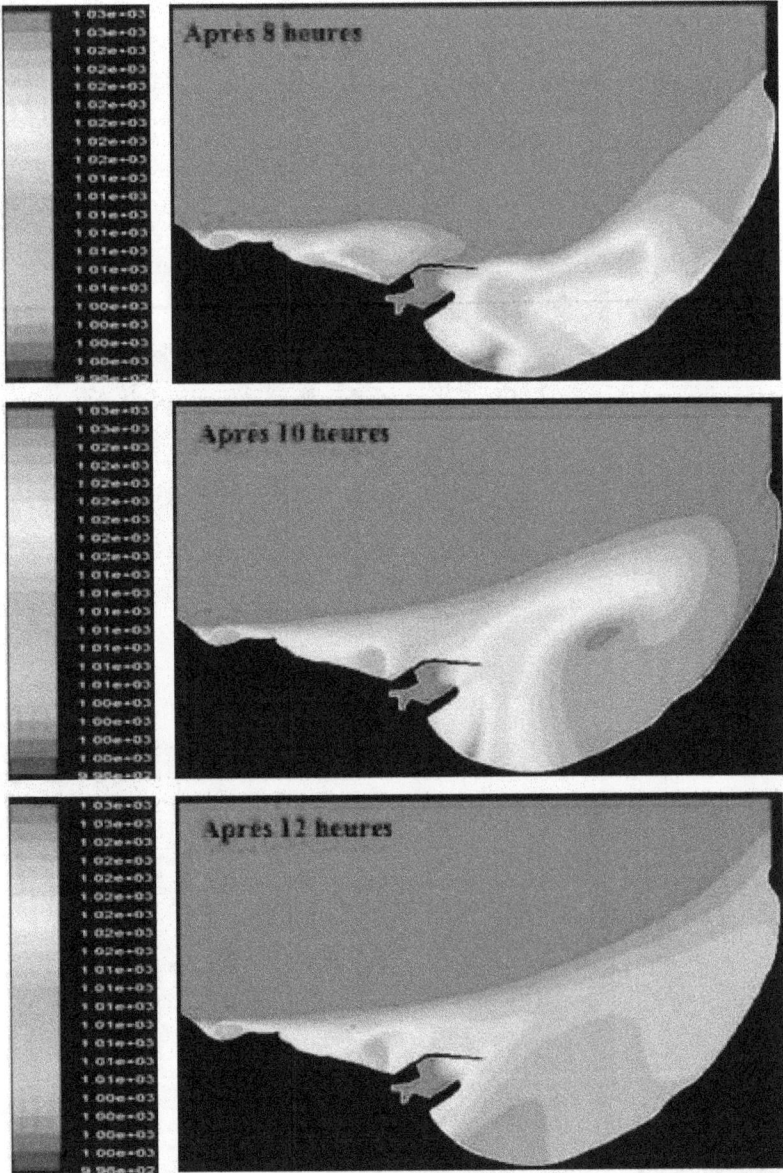

Fig. IV.18. *Evolution du panache de densité des rejets en surface libre de la baie après les 6 heures d'une marée montante en été*

En saison estivale, les débits des rejets à l'Est du port sont faibles par rapport aux débits enregistrés en hiver. Tandis qu'à l'Ouest du port, les débits d'oued Lihoud et de la canalisation majeure de la ville sont permanents et pratiquement les mêmes durant toute l'année.

Durant la marée descendante, au cours de la première heure de simulation, on s'aperçoit que la dispersion des rejets est lente et moins intense. Elle prend la forme de tourbillons circulaires près des embouchures des oueds (Fig. IV.19). Vers les deux heures de la marée, ces rejets tourbillonnaires commencent à se rencontrer et à se diriger lentement dans le sens des courants marins.

Au cours du temps, la zone de localisation des rejets au sein de la baie s'élargit et s'étale, d'une manière désordonnée, presque sur toute la côte. La densité de cette zone reste relativement importante près des embouchures des oueds. Dans ce cas, ces rejets arrivent toujours au niveau du port mais avec une densité bien inférieure à celle détectée en période hivernale.

Fig. IV.19. *Evolution du panache de densité des rejets en surface libre de la baie après la première heure de la marée descendante en été*

A l'arrivée du courant de la marée montante de l'Ouest vers l'Est, l'écoulement des rejets à l'Est du port se perturbe et se trouve freiné. Les vitesses de ces rejets sont faibles (de l'ordre de 1m/s) en comparaison avec la vitesse de la marée: ainsi la zone des rejets devient de plus en plus diluée au cours du temps.

En revanche, à l'Ouest du port pour oued Lihoud et la canalisation majeure, le processus de dispersion n'est pas le même. En effet, ces deux rejets sont forts et permanents durant toute l'année, et leurs débits (une vitesse de 3m/s en moyenne) ne changent pas entre l'hiver et l'été. Ainsi, à l'arrivée du courant de la marée montante avec une vitesse inférieure de 2m/s, leur écoulement ne sera pas trop affecté et le seul effet sera l'orientation des rejets vers l'Est.

En conclusion, entre l'hiver et l'été le processus de dispersion dans la baie change suivant les débits de rejets des oueds. Plus ces débits sont importants (en hiver) plus la dispersion est rapide et dense. D'après les résultats, la baie se trouve toute l'année (en hiver et en été) sous l'effet des rejets des oueds, sauf qu'en hiver, et vu les forts débits de rejets, le taux d'affectation des eaux côtières de la baie est plus important qu'en été. Durant ce dernier, les rejets restent localisés près des embouchures des oueds alors qu'en hiver, ils se propagent vers l'ensemble de la baie et s'étalent le long de la côte. On en déduit que la période de l'année la plus défavorable, étant donnée la forte densité en rejets, est l'hiver. Ainsi, pour la suite de l'étude, on se contente de réaliser les modélisations du problème uniquement avec les conditions hivernales.

Cette étape de modélisation a permis de faire les premières remarques et interprétations pour décrire le processus de dispersion des rejets. Afin d'approfondir l'étude et de la rendre plus réaliste, la profondeur de la baie doit être prise en considération. Ainsi, on passe dans la section suivante à l'étude en tridimensionnel.

IV.3.4.2 *Étude numérique en tridimensionnel*

En tridimensionnel et avec une profondeur de -15m sous la surface libre, la simulation numérique du modèle mathématique adopté montre le processus de dispersion durant un cycle complet (24 heures) : deux marées montantes et deux marées descendantes alternées au bout de chaque six heures.

On présente ci-après, les résultats des simulations sous forme de contours de concentration en rejets des oueds. La couleur bleue indique la concentration en eau de mer et le rouge la concentration en rejets. Afin d'initialiser le calcul, on suppose qu'à l'instant t=0, il n'y a aucune présence des rejets et donc l'ensemble de la baie est marquée en bleu. La figure IV.20 montre l'évolution de la dispersion des rejets des oueds durant la première marée montante du cycle de 24 heures. Cette évolution est présentée toutes les 2 heures.

Durant la première marée montante et sous un écoulement fortement turbulent ($Re=2.10^4$), les rejets commencent à pénétrer dans la baie via les embouchures des oueds. L'interaction entre ces rejets, surtout les plus proches (Oued Meghogha et Oued Souani), favorise leur dispersion vers le large. Quant aux rejets d'oued Lihoud et de la canalisation majeure (situés à l'ouest du port loin des autres oueds), leur interaction est lente au cours du temps à cause de la distance importante qui leur sépare. Le courant de la marée montante qui porte de l'ouest vers l'est, transporte dans son écoulement les masses d'eau de ces deux derniers rejets vers l'Est. Ceci condense tous les rejets à l'Est de la baie et mène, au bout des 6 heures que dure la marée, à l'apparition d'une large zone fortement concentrée en rejets (Fig. IV.20).

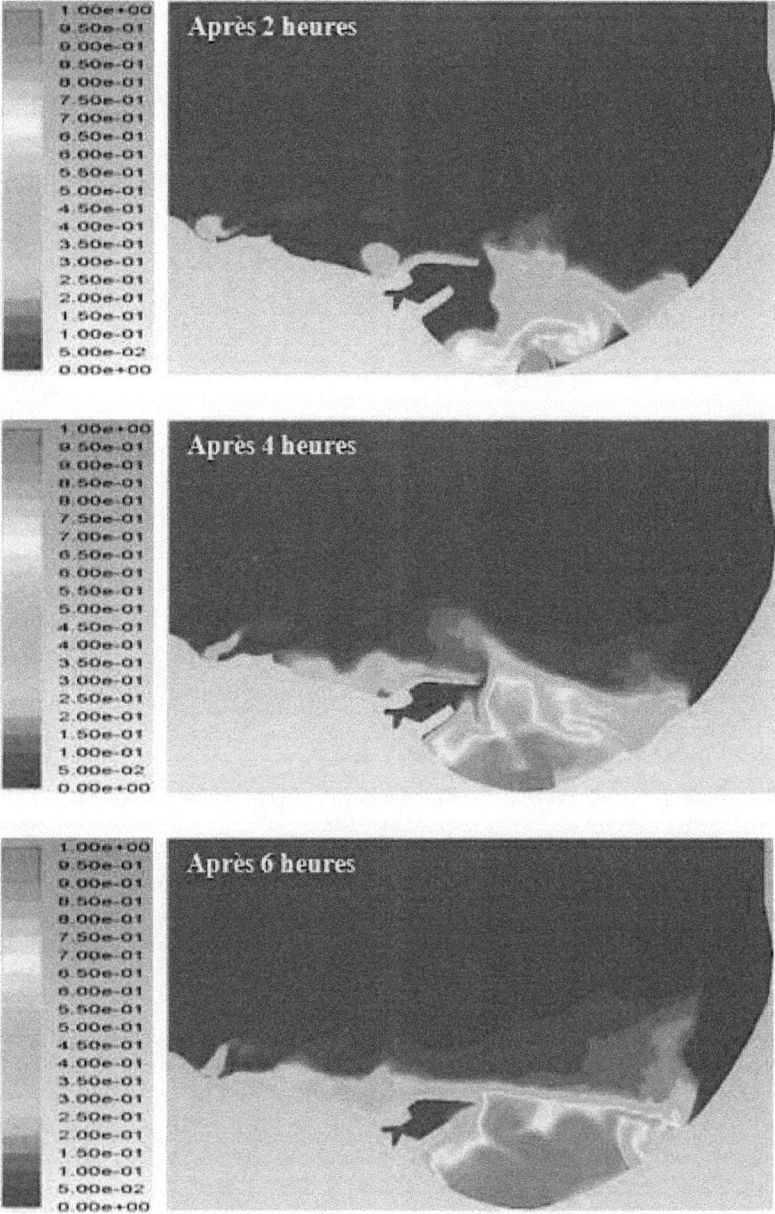

Fig. IV.20. *Evolution du panache de fraction massique des rejets en surface libre de la baie durant les 6 heures de la première marée montante en hiver*

Après deux heures de la marée montante, les résultats des vecteurs-vitesses colorés par la fraction massique des rejets montrent que l'écoulement au niveau des embouchures des oueds commence sous forme de tourbillons générés par l'interaction entre les rejets. Plus la distance qui sépare les oueds est petite, plus l'interaction de leurs rejets est rapide. Ceci représente le cas des deux oueds: Meghogha et Souani (Fig. IV.21).

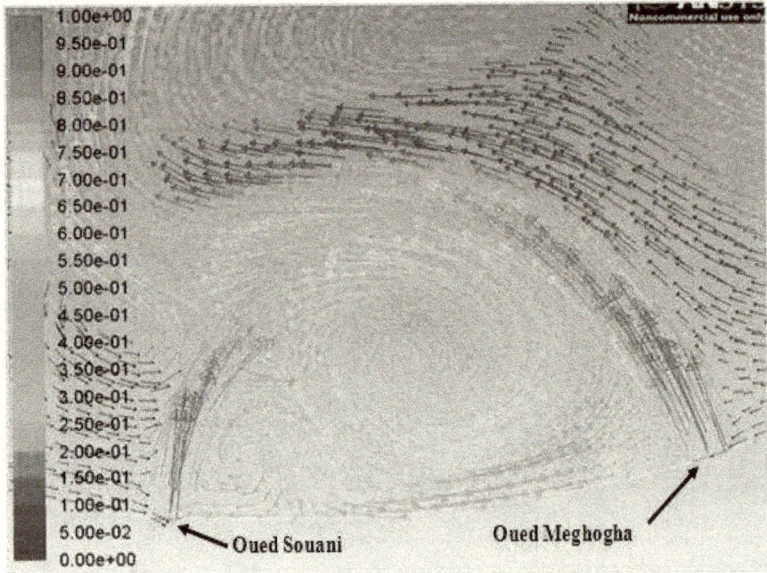

Fig. IV.21. *Les vecteurs-vitesses colorés par la fraction massique des rejets des deux oueds: Meghogha et Souani*

Physiquement, cette interaction est générée par la formation de structures tourbillonnaires (Fig. IV.21). Ces dernières sont la conséquence des grands gradients de vitesse dûs aux apports d'eau douce des rejets. Ces gradients représentent un forçage interne aux masses d'eau, issu essentiellement des différences de densité dues aux gradients de salinité et de température entre l'eau salée de la baie et l'eau douce des rejets. Ce gradient de densité crée un gradient de pression qui pousse les masses d'eau des zones à haute pression (embouchures des oueds) vers des zones à basse pression (les eaux côtières).

Après les 6 heures de la première marée montante, le courant de la marée descendante intervient. Ainsi, la figure IV.22 présente l'évolution du panache des rejets durant les 6 heures de la marée descendante. La vitesse de ce courant est très faible (0.77m/s) devant la vitesse des rejets (3m/s). Ceci explique que l'écoulement des rejets dans la baie n'est plus freiné (comme il l'était durant la marée montante), par le courant de la marée. La concentration en rejets est donc plus importante et leur dispersion dépasse largement les embouchures des oueds.

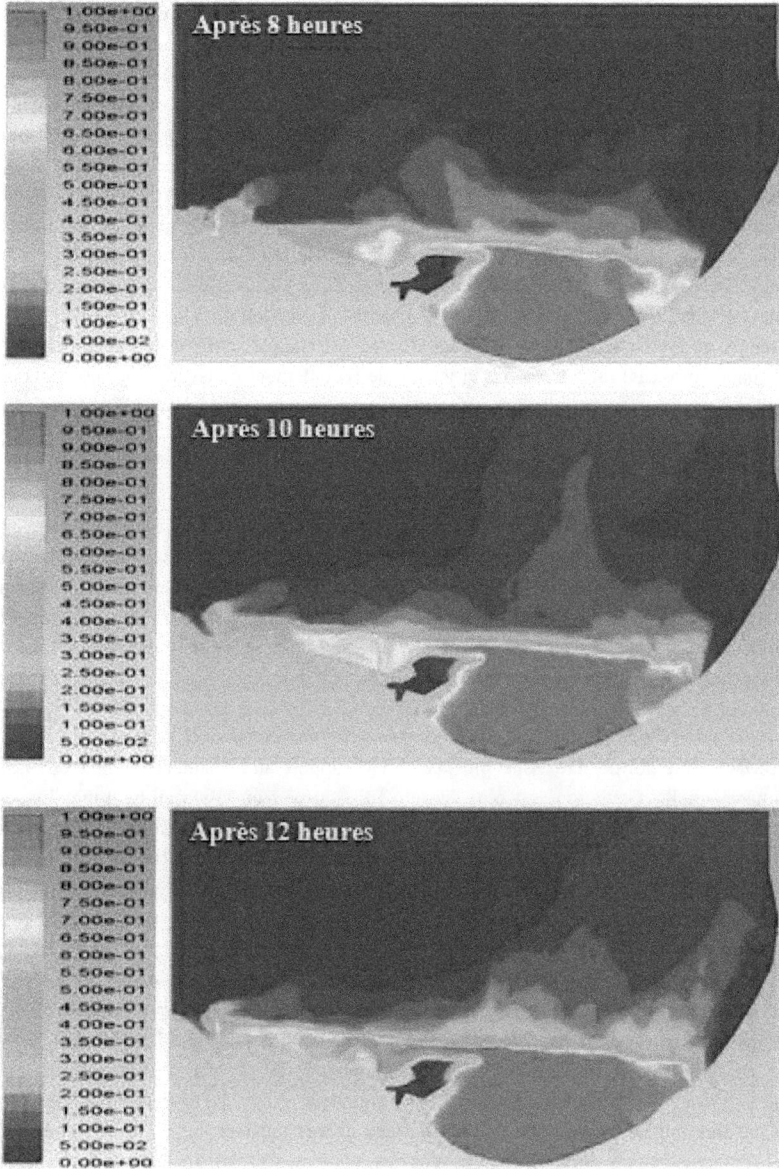

Fig. IV.22. *Evolution du panache de fraction massique des rejets en surface libre de la baie après les 6 heures de la première marée descendante en hiver*

A l'arrivée des courants de la marée, la trajectoire des rejets subit une déviation en aval et s'aligne progressivement avec la direction de l'écoulement marin. Plus la vitesse de ce denier est importante, plus cet alignement est important. Ce type d'écoulement représente le cas de jets turbulents en écoulement transversal (détails en chapitre I, section 5). Quand les courants de la marée rencontrent les rejets, des structures tourbillonnaires se forment. Ces dernières, favorisent l'entraînement de l'eau de mer au corps des rejets et facilitent ainsi leur transport vers le large de la baie. En effet, la trajectoire des rejets suit la direction de l'écoulement de la marée sous deux effets: le premier correspond à une dépression située à l'amont du rejet (expliqué précédemment). Cet effet devient plus important puisque la trajectoire initiale du rejet est normale à la direction du courant transversal de la marée. Le second facteur est l'entraînement de l'eau de mer par le rejet, ce qui induit un transfert de quantité de mouvement de l'eau de la baie vers le rejet. Ces deux effets sont responsables de la forme en "Fer à cheval" des tourbillons (chapitre I, section 5, Fig. I.5). Ainsi, dans la littérature, ce type d'écoulement ne se caractérise pas uniquement par la vitesse du jet (les rejets dans notre cas) mais aussi par la vitesse de l'écoulement transversal (les courants de la marée dans la présente étude) pour lequel on définit le rapport $k = \dfrac{U_0}{U_a}$ où U_0 est la vitesse initiale du jet et U_a est la vitesse du courant transversal.

A ce niveau, on fait une comparaison des résultats entre le bidimensionnel et le tridimensionnel après 12 heures partagées, respectivement, entre une marée montante et une marée descendante (Fig. IV.23). On note ici que, pour le tridimensionnel, on présente sur la même figure les résultats pour le cas où l'on a considéré la baie comme étant un bassin d'une profondeur uniforme de -3m et le cas de la baie dans sa vraie bathymétrie avec une profondeur de -15m en dessous de la surface libre.

D'après cette comparaison, on remarque qu'en bidimensionnel la dispersion des rejets en surface libre forme une zone plus large par rapport aux résultats de la modélisation tridimensionnelle. Cette zone est plus dense à l'Est du port où le réseau hydrographique est plus dense et les embouchures des oueds sont plus proches. En tridimensionnel et avec une profondeur uniforme de -3m, la zone décrite auparavant se rétrécit et prend la forme d'une bande dense qui s'étale le long de la côte. En effet, en bidimensionnel, l'écoulement des rejets se propage entièrement en un seul plan (x,y), ainsi la zone formée par les rejets couvre presque la totalité de la baie. Inversement, en tridimensionnel, la dispersion des rejets se fait dans le plan (x,y) et en même temps en profondeur suivant l'axe z. La densité de la zone des rejets est donc condensée en surface libre par la profondeur. Avec une profondeur respectant la vraie bathymétrie de la baie, le processus de dispersion des rejets est différent. Les rejets dans ce dernier cas se bloquent près des embouchures et leur écoulement est freiné progressivement au niveau des pentes de la profondeur. Ainsi, la zone de rejets devient de plus en plus diluée sur la surface libre. Au-delà de ces niveaux, les rejets deviennent plus légers et facile à être transportés dans le sens des écoulements marins.

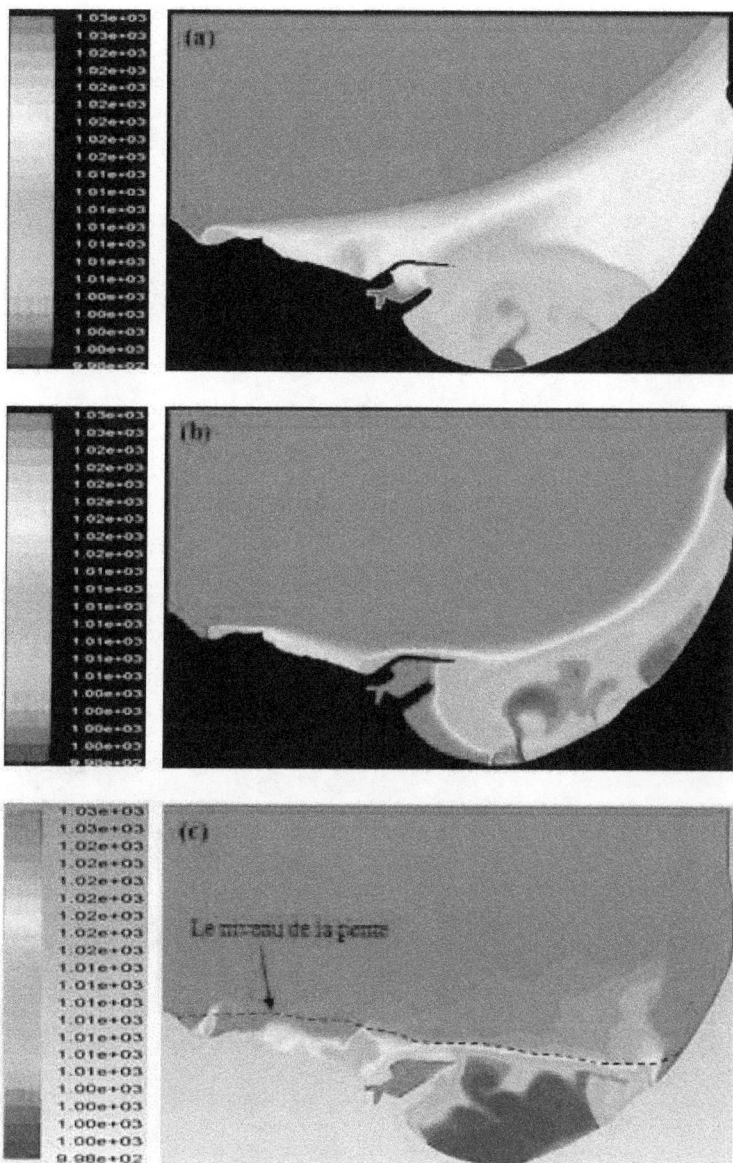

Fig. IV.23. *Comparaison de l'évolution du panache de densité des rejets en surface libre de la baie après 12 heures d'une marée semi-diurne: (a) en bidimensionnel, (b) en tridimensionnel avec une profondeur uniforme de -3m, (c) en tridimensionnel avec une profondeur de -15m selon la vraie bathymétrie de la baie*

Au retour de la marée montante (Fig. IV.24), son courant au cours des deux premières heures commence à pousser fortement les rejets dans le sens de son écoulement. Avec le temps, une sorte d'équilibre s'établit entre l'écoulement des rejets et l'écoulement marin. Ainsi, ce dernier freine les rejets et les bloque près des embouchures des oueds et aux alentours du port. Les courants marins (flux/reflux) turbulents, poussent les masses d'eau des rejets et génèrent un écoulement vers l'intérieur du port.

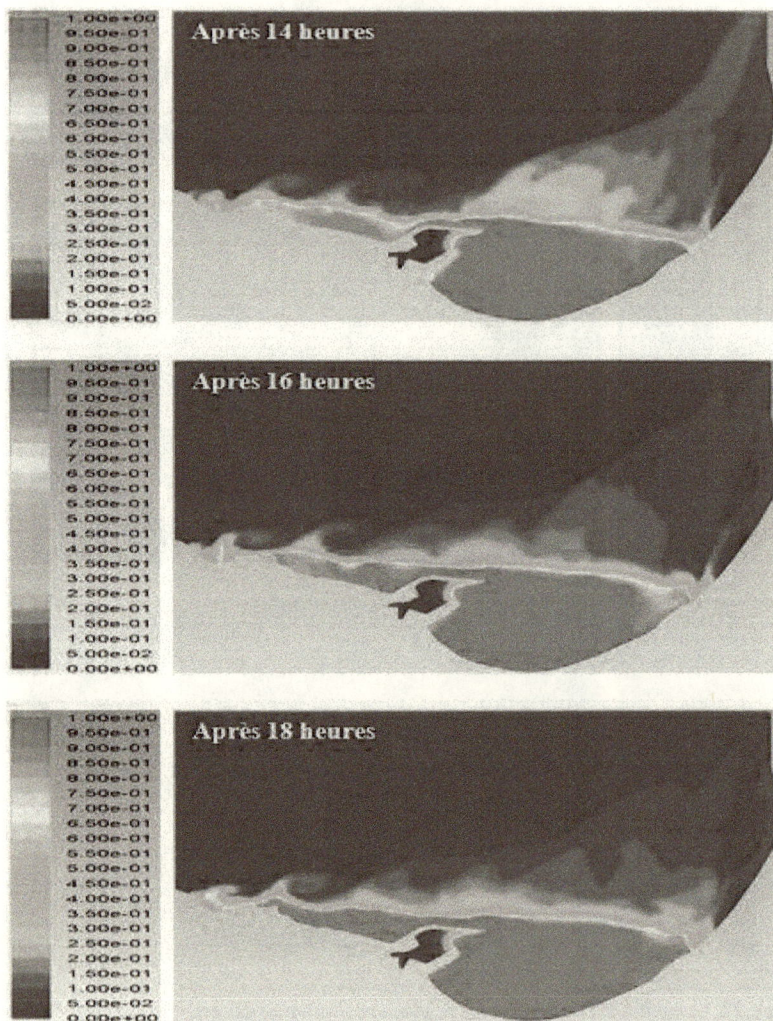

Fig. IV.24. *Evolution du panache de fraction massique des rejets en surface libre de la baie durant les 6 heures de la deuxième marée montante en hiver*

Une fois que le courant de la marée descendante revient avec une vitesse (0.77m/s) bien inférieure à celle des rejets (3m/s), la propagation de ces derniers vers l'ensemble de la baie se rafraîchit et s'élargit de nouveau (Fig. IV.25).

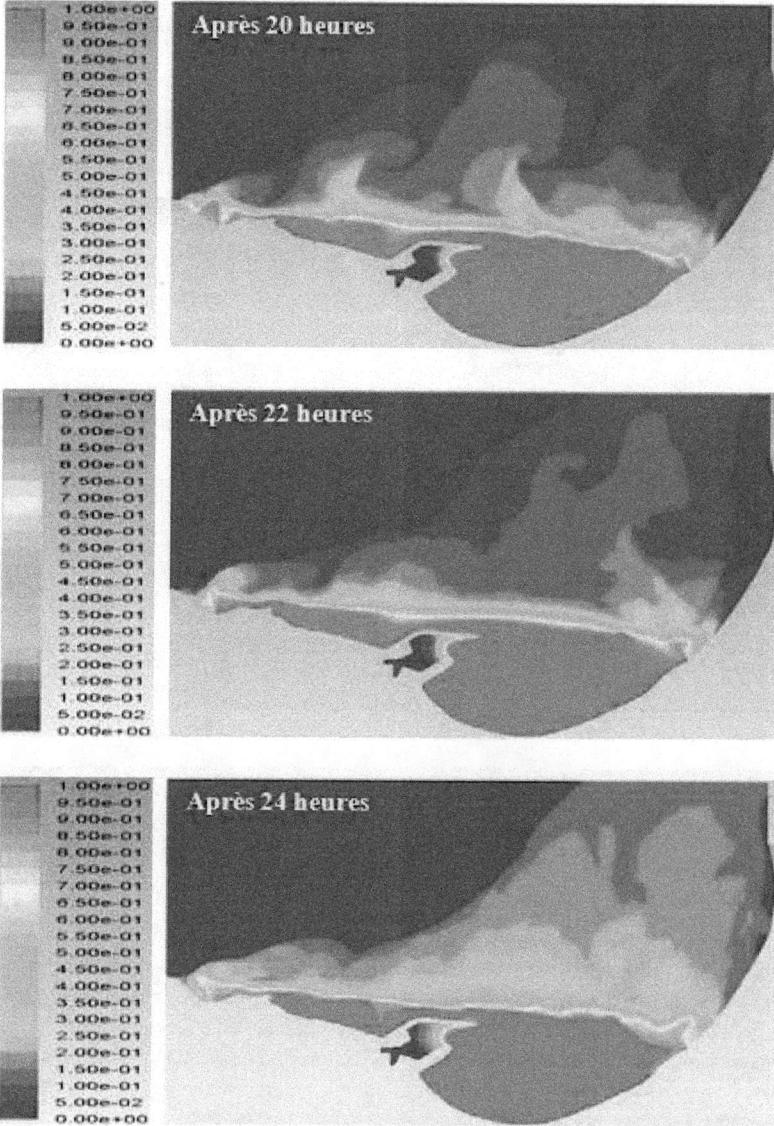

Fig. IV.25. *Evolution du panache de fraction massique des rejets en surface libre de la baie durant les 6 heures de la deuxième marée descendante en hiver*

Au cours du temps et avec l'alternance entre les deux marées montante et descendante, le processus de dispersion des rejets dans la baie se stabilise et on obtient un "régime permanent". Ce dernier est atteint par les simulations après 48 heures, par rapport au temps initial *t=0*. On présente sur la figure IV.26 les résultats du panache de fraction massique des rejets en surface libre à partir de 24 heures, respectivement pour: 30 heures, 36 heures, 42 heures et 48 heures.

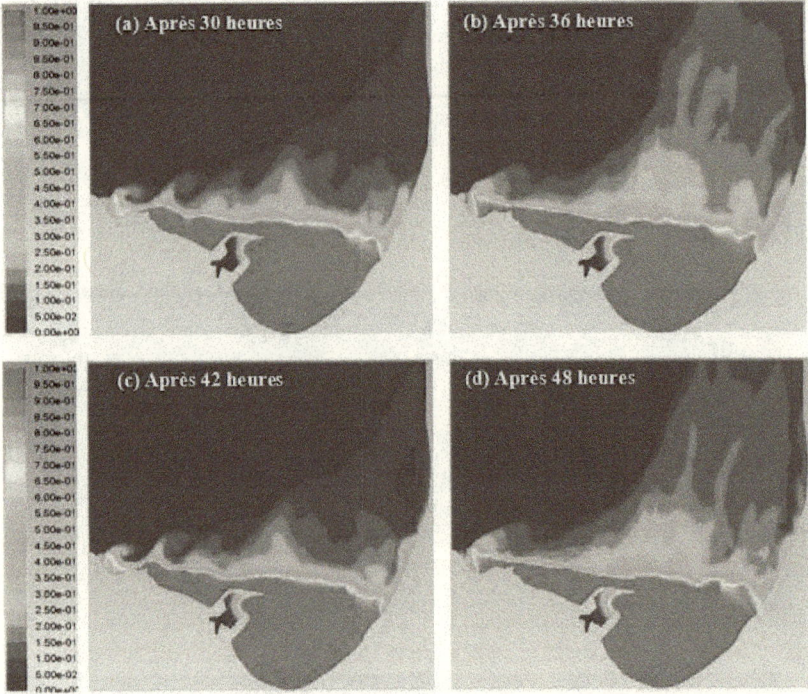

Fig. IV.26. *Evolution du panache de fraction massique des rejets en surface libre de la baie après: (a) La troisième marée montante, (b) La troisième marée descendante, (c) La quatrième marée montante, (d) La quatrième marée descendante*

De 24 heures à 48 heures, la zone formée par les rejets des oueds près des embouchures et aux alentours du port (la zone marquée en rouge sur la figure), ne change pas au cours du temps. Au delà de cette zone délimitée par la pente bathymétrique, les rejets deviennent dilués et s'étalent sur le reste de la baie en période de marée descendante, alors qu'en période de marée montante, ils se rétrécissent et se condensent près de la pente. Ce qui nous amène à déduire que l'écoulement des rejets dans la baie est établi.

En régime établi, les résultats représentés par les contours de fraction massique, permettent de décrire l'état permanent de la baie vis-à-vis les rejets des oueds durant la période hivernale. Ainsi, on présente les contours de température sur la figure IV.27.

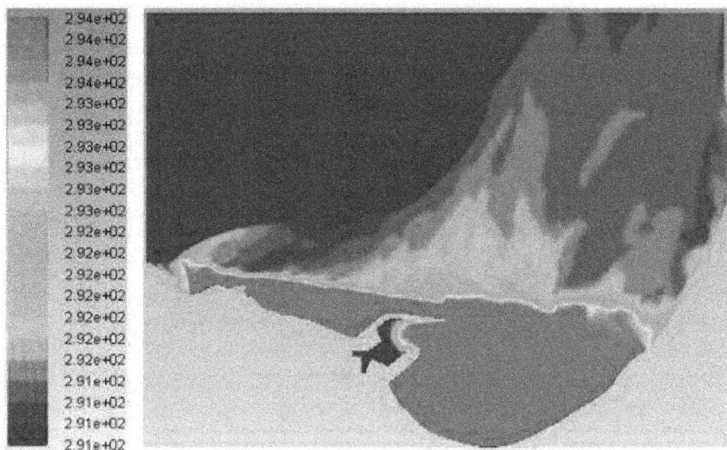

Fig. IV.27. *Panache de température des rejets en surface libre de la baie après 48 heures du temps initial*

D'après la figure IV.27, on s'aperçoit que la dispersion des rejets dans la baie s'accompagne d'une dispersion thermique en forte corrélation avec l'écoulement analysé précédemment. Ce processus thermique est dominé par les flux convectifs issus des mouvements de la marée en interaction avec les écoulements générés par les rejets des oueds.

La zone formée par les rejets subit une élévation de température qui se dégrade progressivement au delà de la pente. In situ, ce changement d'état de la baie par les apports des eaux douces de rejets, est accompagné d'un réchauffement de l'air ambiant au niveau de la surface libre. Ceci se traduit chimiquement par la variation d'un certain nombre de propriétés des eaux côtières de la baie par les matières en suspension dans les eaux douces des rejets.

IV.3.4.3 Validation des résultats numériques

La simulation numérique a permis de décrire l'hydrodynamique du transport de l'eau douce issue des oueds dans la baie. Les rejets de ces oueds contiennent plusieurs substances polluantes issues des zones industrielles par lesquelles passent les cours d'eau des oueds. Ces substances sont essentiellement sous forme de métaux lourds dont la distribution dans les différents points de la baie est fonction de leurs propriétés physiques, thermiques et chimiques (notamment la densité et le coefficient de diffusion).

Ainsi, les résultats numériques de notre modèle sont validés qualitativement par leur comparaison avec les résultats des études géochimiques. Ces dernières concernent des tests sur des échantillons des eaux côtières et des sédiments de surface de la baie de Tanger (El Hatimi (2003), El Hatimi et al. (2002), El Arrim (2001)). Dans ce travail, on se réfère, pour la validation, aux résultats expérimentaux (Fig. IV.28) de l'étude géochimique d'Achab et al. (2007) sur la pollution métallique de la baie de Tanger. Les principaux objectifs de cette étude expérimentale étaient d'évaluer l'état de contamination des eaux côtières de la baie par les métaux lourds des sédiments de surface et leurs variations en temps et en espace.

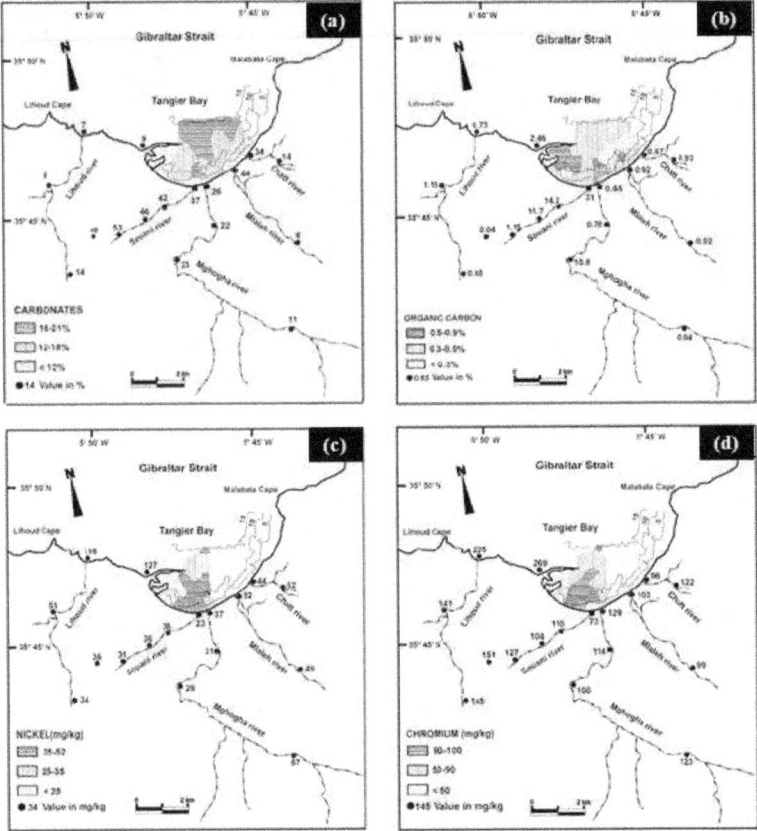

Fig. IV.28. *Cartes de distribution de quelques métaux lourds sur la surface de la baie de Tanger: (a) Teneur en Carbonates, (b) Teneur en Carbone organique, (c) Teneur en Nickel, (d) Teneur en Chrome (Achab et al. (2007))*

La comparaison qualitative montre un très bon accord entre nos résultats numériques qui déterminent dans la baie les zones affectées par les rejets des oueds, et les résultats des analyses expérimentales qui indiquent la distribution en mg/kg des différents métaux transportés par les eaux douces rejetées via les embouchures des oueds (Fig. IV.28).

Une autre validation basée sur la comparaison avec une image satellitaire SPOT XS (El Abdellaoui (2004)) de l'état de la baie vis-à-vis les rejets des eaux douces, a été faite. Cette comparaison a montré un accord intéressant entre l'écoulement turbide des rejets modélisé par nos simulations numériques dans la baie et le même écoulement détecté par l'imagerie SPOT XS (Fig. IV.29)

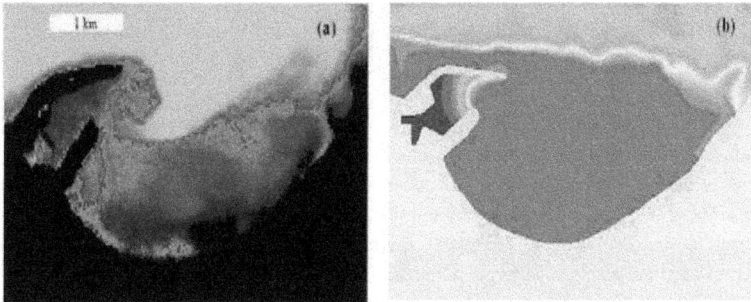

Fig. IV.29. *Concentration de l'écoulement des eaux douces turbides à l'intérieur de la baie de Tanger par: (a) Imagerie SPOT XS* (El Abdellaoui (2004)), *(b) Nos simulations numériques*

Sur notre simulation numérique, réalisée avec des données hivernales de l'an 2002, la propagation des eaux douces des rejets dans la baie est plus importante et la zone formée par ces rejets est plus large. Ceci est dû aux forts débits enregistrés pour les oueds durant cette période où ces derniers étaient tous ouverts pour évacuer l'excès d'eau dans le système d'assainissement de la ville. Cependant, sur l'image satellitaire l'écoulement détecté est relatif à la période hivernale de l'an 1998 durant laquelle les débits enregistrés pour les oueds étaient bien moins importants que ceux pris pour la simulation numérique. Durant cette période (hiver 1998), les débits les plus élevés ont été enregistrés pour les deux oueds: Meghogha et Souani (à l'est du port), alors que pour les rejets des oueds situés à l'ouest du port, ils étaient faibles et presque négligeables. Ceci explique la petite différence entre les deux images de la figure IV.29.

IV.4 Conclusion

Dans le chapitre précédent, on a traité et analysé en échelle réduite, la phénoménologie de la dispersion de rejets via des jets flottants turbulents et horizontaux. Compte tenu de toutes les interprétations tirées de ces analyses, on a présenté dans le chapitre actuel une modélisation à grande échelle du processus côtier de la dispersion de rejets, en présence des courants transversaux et sous l'effet de la bathymétrie, dans un milieu marin. L'application de cette modélisation a concerné le problème de la pollution de la baie de Tanger au Maroc par les rejets des oueds qui y débouchent.

Ce processus côtier est étudié moyennant un modèle mathématique basé sur les équations de Navier-Stokes et le modèle de turbulence k-ε standard pour un écoulement incompressible avec l'approximation de Boussinesq. La résolution numérique de ce modèle a été faite par la méthode des volumes finis. En répertoriant les différents paramètres géographiques, physiques et hydrodynamiques de la baie de Tanger, on a présenté des simulations de la dispersion des rejets dans la baie pour un temps caractéristique allant d'une heure à 48 heures suivant les périodes des courants de la marée semi-diurne qui caractérise la baie.

Par une modélisation bidimensionnelle, jugée primordiale pour une prédiction générale de l'écoulement, on a simulé le processus de dispersion des rejets sur la surface libre en hiver et en été. Les débits des oueds changent entre ces deux périodes de l'année et les résultats ont révélé une dispersion plus rapide et plus dense durant la saison hivernale. Cette dispersion prend la forme de structures tourbillonnaires au niveau des embouchures des oueds, qui se propagent vers le large de la baie sous l'effet de l'interaction des rejets entre eux et des courants de flux et de reflux de la marée.

Par la modélisation tridimensionnelle, on a tenté de mieux approcher les écoulements réels dans la baie en tenant compte cette fois-ci de la bathymétrie. Ainsi, on a étudié l'interaction de cette dernière avec les courants engendrés par la marée et les variations des débits des différents oueds (en hiver, soit la période la plus défavorable). En comparaison avec le modèle bidimensionnel, le suivi de l'évolution du panache des rejets en surface libre de la baie a révélé une dispersion plus dense près des embouchures et limitée par les pentes de la bathymétrie du fond. Au-delà de ces pentes, le panache devient de plus en plus dilué et transporté dans le sens des écoulements de la marée.

L'écoulement généré par les rejets des oueds est physiquement similaire au cas des jets ronds turbulents en interaction. Cette dernière est due à la formation de structures tourbillonnaires qui résultent des grands gradients de vitesse dus aux apports d'eau douce des oueds. Ces gradients représentent un forçage interne aux masses d'eau, issu essentiellement des différences de densité dues aux gradients de salinité et de température entre l'eau salée de la baie et l'eau douce des rejets.

Nos résultats numériques décrivant l'hydrodynamique de l'écoulement des rejets des oueds dans la baie ont été validés qualitativement par des comparaisons avec les résultats expérimentaux d'études géochimiques. Cette validation a tenté de comparer les zones analysées par les tests in-situ, avec les zones de localisation des rejets détectées par les simulations numériques. Une autre validation a été faite par une comparaison avec une photo satellitaire Spot XS de l'état de la baie vis-à-vis les rejets des eaux douces. Ces comparaisons révèlent un accord très intéressant et se rapprochent bien de la réalité.

La simulation en échelle réelle du processus a constitué un défi dont le temps de calcul était un facteur contraignant. En effet, dans le modèle de la baie de Tanger, on a respecté fidèlement la bathymétrie et les différents détails de la géométrie avec un maillage très bien adapté. Ainsi le temps de calcul a duré de 10 jours environ pour une heure du temps réel du processus.

Conclusion Générale

Ce projet de recherche a eu pour but de contribuer à la compréhension de la phénoménologie des écoulements turbulents engendrés par les jets ronds flottants et horizontaux. Cette nécessité est apparue par la problématique posée dès le départ, à savoir étudier les écoulements générant le phénomène de pollution marine par les rejets urbains et industriels. Nos travaux portent plus particulièrement sur la modélisation numérique, moyennant la méthode des volumes finis, du comportement des jets ronds flottants turbulents et horizontaux. Ceci s'inscrit dans le contexte de la modélisation de pollution marine par les rejets en surface libre via les embouchures de fleuves ou d'oueds, ou par les rejets en profondeur via les émissaires sous-marins.

Les points répertoriés dans l'étude bibliographique ont permis d'analyser la nature hydrodynamique des rejets dans un milieu marin. Ceci nous a conduit à les définir physiquement comme étant des jets flottants turbulents inclinés ou, dans la majorité des cas, horizontaux. Ces derniers sont caractérisés par un certain nombre de phénomènes complexes dont l'étude expérimentale à grande échelle, sur un processus côtier par exemple, est coûteuse et parfois inaccessible. Ainsi, la simulation numérique s'avère la meilleure solution. Dans ce travail, cette simulation est basée sur la méthode de volumes finis, les résultats numériques étant validés par des expériences concernant le développement, la forme et les trajectoires suivies par les jets. Les deux parties suivantes ont été abordées:

1. La première est relative à l'étude numérique et expérimentale d'un jet flottant turbulent rond et "non-Boussinesq", injecté horizontalement dans un milieu statique et homogène. Il s'agit d'un jet de mélange air-hélium dans de l'air statique. En travaillant en adimensionnel, les problèmes des jets de gaz (le mélange air-hélium dans notre cas) sont similaires à ceux des rejets des eaux usées via les émissaires sous-marins. Ainsi, les interprétations données demeurent valables. Les résultats ont permis de décrire la nature du jet et son comportement en fonction des conditions initiales d'éjection. Ceci a porté sur la détermination des limites, de la trajectoire centrale, du rayon (demi-épaisseur) du jet tout au long de son développement et de la densité du mélange du jet avec le fluide ambiant.

Les analyses ont révélé qu'il s'agit d'un écoulement dominé par la flottabilité plus que par l'inertie initiale. Cet écoulement est caractérisé par le rapport entre les flux initiaux de flottabilité et de quantité de mouvement, représenté par le nombre de Froude initial Fr. Cependant, la nature turbulente de l'écoulement n'intervient que dans le processus d'entraînement du fluide ambiant dans le corps du jet. Ce processus est généré par l'apparition de structures tourbillonnaires au niveau de la surface de séparation du jet en interaction avec le fluide ambiant. Ces structures sont accompagnées d'une décroissance de la vitesse axiale qui favorise l'augmentation du mélange.

2. Les mécanismes gérant la dispersion de ces divers types de jets ayant été analysés, on a, dans la deuxième partie, modélisé à grande échelle un processus côtier de dispersion de rejets en surface libre. Cette modélisation concerne, plus précisément, la dispersion de rejets dans un milieu marin en présence d'écoulements transversaux avec, comme application, la pollution au sein de la baie de Tanger (Maroc). On a étudié en particulier le processus d'interaction des rejets des oueds débouchant dans la baie en incluant l'effet des courants marins et de la bathymétrie. Moyennant une modélisation bidimensionnelle et tridimensionnelle, on a répertorié les différents paramètres (géographiques, physiques et hydrodynamiques) sous certaines hypothèses, pour simuler le phénomène de dispersion sur un temps caractéristique allant jusqu'à 48 heures.

Ce processus met en évidence la nature semi-diurne de la marée dans la baie et les variations saisonnières (hiver/été) des différents oueds qui s'y déversent. La simulation a consisté en premier lieu à suivre la propagation des rejets générée par les oueds à l'aide d'une modélisation bidimensionnelle. Les résultats de cette étape permettent de visualiser le mécanisme de la dispersion et d'avoir des informations précieuses sur l'écoulement généré au voisinage des plages par l'interaction des rejets et des mouvements de flux et de reflux de la marée. Cette zone est naturellement la plus critique en terme d'environnement. Du point de vue des écoulements, les résultats permettent de localiser les zones d'eaux mortes et les zones turbulentes. Ces constatations ont été utilisées pour passer ensuite à une modélisation tridimensionnelle, où l'on a pris en considération la profondeur de la baie afin de mieux se rapprocher de la réalité. Les résultats de notre étude en 3D sont conformes aux constatations relevées dans un certain nombre de travaux portant sur des analyses physico-chimiques et sédimentologiques: nous constatons ainsi, sur le plan qualitatif, une bonne correspondance dans la détection des zones polluées, ce qui tend à prouver que la modélisation tient compte des paramètres les plus influents.

Références

- **Abraham, G., (1963)**, «Jet diffusion in stagnant ambient fluid», *Delft Hyd. Lab. Pub.*, N° 29.

- **Abraham, G., (1965-a)**, «Horizontal jets in stagnant fluid of other density», Proceedings of the American Society of Civil Engineers, *J. of the Hydraulics Division*, 91, 138-154

- **Abraham, G., (1965-b)**, «Entrainment principle and its restrictions to solve problems of Jets », *J. of Hydraulic Research*, 2, 1-23

- **Achab, M., El Arrim, A., El Moumni, B. et El Hatimi, I., (2007)**, «Metallic pollution affecting the Bay of Tangier and its continental emissaries : Anthropic impact», *Thalassas*, 23, 23-36

- **Ahsan, R., Choudhuri et Gollahalli, S.R., (2000)**, «Effects of ambient pressure and burner scaling on the flame geometry and structure of hydrogen jet flames in cross-flow», *International Journal of Hydrogen Energy*, 25, 1107-1118

- **Albertson, M.L., Dai, Y.B., Jensen, R.A. et Rouse, H., (1950)**, «Diffusion of submerged jets», *Trans. ASCE*, 115, 639-664

- **Amendis, (2002)**, «Etude de la faisabilité des émissaires en mer de la zone de Tanger- Collecte des données de base», *SOGREAH – MGO / PFD – N° 071 7103-R1.*

- **Andreopoulos, J. et Rodi, W., (1984)**, «Experimental Investigation of Jets in a Cross-Flow», *J. of Fluid Mechanics*, 138, 93-127

- **Angelidis, P.B., (2002)**, «A numerical model for the mixing of an inclined submerged heated plane water jet in calm fluid», *International Journal of Heat and Mass Transfer*, 45, 2567- 2575

- **Anwar, H.O., (1969)**, «Behavior of buoyant jet in calm fluid». Proceedings of the American Society of Civil Engineers, *J. of Hydraulics Division*, 95 (4), 1289–1303

- **Baines, W.D., Turner, J.S, et Campbell, I.H., (1990)**, «Turbulent fountains in an open chamber», *J. of Fluid Mechanics*, 212, 557-592

- **Belcaid, A., Le Palec, G., Draoui, A. et Bournot, Ph., (2011)**, «La modélisation de la diffusion de polluants dans un milieu marin. Application à la pollution de la baie de Tanger au Maroc», *La 10ème édition du Congrès International de Mécanique*, Oujda, Maroc.

- **Belcaid, A., Le Palec, G., Draoui, A. et Bournot, Ph., (2012)**, «Simulation of Pollutants Dispersion in the Bay of Tangier (Morocco)», *Fluid Dynamics and Material Processing FDMP*, 2, 241-256

- **Blomfield, L.J. et Kerr, R.C., (2002)**, «Inclined turbulent fountains», *J. of Fluid Mechanics*, 451, 283-294

- **Bosanquet, C.H., Horn, G. et Thring, M.W., (1961)**, «The effect of density differences on the path of jets», *Proc. Roy. Soc.*, A263, 340-352

- **Boughaba, A., (1992)**, «Les littoraux meubles septentrionaux de la péninsule de Tanger (Maroc)- Géomorphologie et effet de l'intervention anthropique sur leur environnement», Thèse de doctorat, Université de Nantes, France, 348 p.

- **Boussinesq, J., (1903)**, «Théorie analytique de chaleur», volume 2, Gauthier Villars, Paris.

- **Brooks, N.H., (1966),** «Controlling ocean pollution», Engineering and Science, *Calif. Inst. of Tech.*, 13-17

- **Brooks, N.H. et Koh, R.C.Y., (1965),** «Discharge of sewage effluent from a line source into a stratified ocean», Intern. Assoc. for Hyd. Res., *IXth Congress*, Leningrad.

- **Brown, G. L. et Roshko, A., (1974),** «On density effects and large structure in turbulent mixing layers », *J. of Fluid Mechanics*, 64, 775-816

- **Callaghan, E.E. et Ruggeri, R.S., (1948),** «Experimental investigation of hot-gas bleedback for ice protection of turbojet engines I : nacelle with offset air inlet», *NACA Technical note 1615*

- **Carlotti, P. et Hunt, G.R., (2005),** «Analytical solutions for turbulent non-Boussinesq plumes», *J. of Fluid Mechanics*, 538, 343-359

- **Cavar, D. et Meyer, K.E., (2012),** «LES of turbulent jet in cross-flow: Part 1-A numerical validation study», *International Journal of Heat and Fluid Flow*, 36, 18-34

- **Cederwall, K., (1967),** «Jet diffusion: Review of model testing and comparison with theory», *Hyd. Division.*, Chalmers Institute of Technology, Goteborg, Sweden.

- **Chan, T.L. et Kennedy, J.F., (1975),** «Submerged buoyant jets in quiescent fluids», *J. of Hydraulics Division,* 101, 733-747

- **Chen, C.J. et Rodi, W., (1980),** «Vertical turbulent buoyant jets: A review of experimental data», *Pergamon Press*, Oxford and New York.

- **Crabb, D., Durào, D., Whitelaw, J., (1981),** «A round jet normal to a crossflow». *Transactions of the ASME: Journal of Fluids Engineering*, 103, 568-580

- **Crapper, P.F. and Baines, W.D., (1977),** «Non-Boussinesq forced plumes», *Atmos.* Environ., 11, 415-420

- **Csanady, G. T., (1965),** «The buoyant motion within a hot gas plume in a horizontal wind», *J. of Fluid Mechanics*, 22, 225-239

- **Demuren, A.O., et Rodi, W., (1987),** «Three dimensional numerical calculations of flow and plume spreading past cooling towers», *J. of Heat Transfer*, 109, 113-119

- **El Abdellaoui, J.E., (2004),** «Apport des images Spot XS à l'étude de la dynamique de la matière en suspension en zones côtières : cas du littoral de la province de Tanger (Maroc)», *Xèmes Journées Scientifiques du Réseau Télédétection de l'AUF,* Le milieu côtier et les ressources halieutiques, 13-15

- **El Arrim, A., (2001),** «Contribution à l'étude du littoral de la Baie de Tanger (Rif Nord Occidental - Maroc)», *Thèse de Doctorat,* Faculté des Sciences et Techniques de Tanger, Maroc.

- **El-Amin, M.F., Sun, S. et Kanayama, H., (2010),** «Non-Boussinesq turbulent buoyant jet of a low-density gas leaks into a high-density ambient», *Applied Mathematics and computation*, 217, 3764-3778

- **El-Amin, M.F, and Sun, S., (2012),** «Horizontal H2-air turbulent buoyant jet resulting from hydrogen leakage», *Intern. J. Hydrogen Energy*, 37, 3949-3957

- **El Hatimi, I., Achab, M. et El Moumni, B., (2002),** «Impact des émissaires et canalisation sur l'environnement de la Baie de Tanger (Maroc) : approche géochimique», *Bulletin de l'Institut scientifique de Rabat-Maroc*, section Sciences de la Terre, 24, 49-58

- **El Hatimi, I., (2003),** «Apports solides et liquides des émissaires et canalisation en baie de Tanger: pollution et conséquences socio-économiques», *Thèse de Doctorat*, Faculté des Sciences et Techniques de Tanger, Maroc.

- **Fan, L.N. and Brooks, N.H., (1966-a),** «Discussion of Horizontal Jets in Stagnant Fluid of Other Density», Proceedings of the American Society of Civil Engineers, *J. of Hydraulics Division*, HY 2, 423-429

- **Fan, L.N. and Brooks, N.H., (1966-b),** «Discussion of "Turbulent Mixing Phenomena of Ocean Outfalls», Proceedings of the American Society of Civil Engineers, *J. of Sanitary Engineering Division*, SA1, 296-300

- **Fan, L.N. et Brooks, N.H., (1967),** «Turbulent buoyant jets into stratified or flowing ambient fluids», *W. M. Keck Laboratory of Hydraulics and Water Resources Division of Engineering and Applied Science California Institute of Technology*, Report N° KH-R-15, Pasadena, California

- **Fischer, H.B., List, E.J., Koh, R.C., Imberger, J. et Brooks, N.H., (1979),** «Mixing in inland and coastal waters», *Academic Press*, London.

- **Fluent.Inc.Fluent6., (2001),** User's guide.

- **Frankel, R.J. et Cumming, J.D., (1965),** «Turbulent mixing phenomena of ocean outfalls», Proceedings of the American Society of Civil Engineers, *J. of Sanitary Engineering Division*. SA2, 33-59

- **Frisch, U., (1995),** «Turbulence», Cambridge University Press.

- **Gatski, T.B. et Speziale, C.G., (1993),** «On explicit algebraic stress models for complex turbulent flows», *J. of Fluid Mechanics*, 254, 59-78

- **Gibson, M. M. et Launder, B. E., (1978),** «Ground effects on pressure fluctuations in the atmospheric boundary layer», *J. of Fluid Mechanics*, 86, 491-511

- **Hanjalic, K. et Launder, B.E., (1972),** «A Reynolds stress model of turbulence and its application to thin shear flow», *J. of Fluid Mechanics*, 52(4), 609-638

- **Hernan, M. A, et Jimenez, J., (1982),** «Computer analysis of a high-speed film of the plane turbulent mixing layer», *J. of Fluid Mechanics*, 119, 323-345

- **Houf, W.G. et Schefer, R.W., (2008),** «Analytical and experimental investigation of small-scale unintended releases of Hydrogen», *Intl. J. Hydogen Energy*, 33, 1435-1444

- **Hourri, A., Gomez, F., Angers, B. et Bénard, P., (2011),** «Computational study of horizontal subsonic free jets of hydrogen: Validation and classical similarity analysis», *International journal of hydrogen energy*, 36, 15913-15918

- **Hunt, G. R., et Kaye, N. B., (2005),** «Lazy plumes», *J. Fluid Mechanics*, 533, 329-338

- **Jones, W. P., et Launder, B. E., (1972),** «The prediction of laminarization with a two-equation model of turbulence», *International Journal of Heat and Mass Transfer*, 15, 301-314

- **Keffer, J. et Baines, W., (1963)**, «The round turbulent jet in a cross-wind», *J. of Fluid Mechanics,* 15, 481-497

- **Kelman, J.B., Greenhalgh, D.A. et Whiteman, M., (2006)**, «Micro-jets in confined turbulent cross flow», *Experimental Thermal and Fluid Science*, 30, 297-305

- **Kieffer, S.W. et Sturtevant, B., (1984)**, «Laboratory studies of volcanic jets», *J. of Geophysical Research Solid Earth*, 89, 8253–8268

- **Kharchich, M., (2009)**, «Système d'assainissement liquide de la ville de Tanger», *Conférence du CESE sur le développement durable en Méditerranée*, 6 et 7 avril, Nice, France.

- **Kolmogorov, A.N., (1991)**, «The local structure of turbulence in incompressible viscous fluid for very large Reynolds numbers», *Proceedings of the Royal Society of London*, Series A, Mathematical and Physical Sciences, 434, 9-13

- **Lai, C.C.K. et Lee, J.H.W., (2012)**, «Mixing of inclined dense jets in stationary ambient», *Journal of Hydro-Environment Research*, 6, 9-28

- **Lane Serff, G.F., Linden, P.F. et Hillel, M., (1993)**, «Forced, angled plumes», *J. of Hazardous Materials*, 33, 75-99

- **Larson, M. and Jönsson, L., (1994)**, «Efficiency of mixing of a turbulent jet in a stably stratified fluid», *Proc. 4th Intl. Symp. Stratified Flows*, Grenoble, France (ed. E. Hopfinger, B. Voisin and Chavand, G.).

- **Launder, B.E. et Sharma, B.I., (1974)**, «Application of the energy-dissipation model of turbulence to the calculation of flow near spinning disc», *Letters in Heat Mass Transfert*, 1, 131-138

- **Launder, B.E. et Spalding, D.B., (1974)**, «The numerical computation of turbulent flows», *Computer Methods in Applied Mechanics and Engineering,* 3 (2), 269-289

- **Lee, J. et Neville-Jones, P., (1987)**, «Initial dilution of horizontal jet in crossflow», *Journal Hydraul. Eng.*, 113(5), 615-629

- **Lee, J.H.W., (1990)**, «Generalized Lagrangian model for buoyant jets in current», *J. Environmental Engineering*, 116, 1085-1106

- **L.H.C.F. (Laboratoire Central d'Hydraulique de France), (1972)**, «Baie de Tanger. Rapport de l'étude théorique sur document», FP/L.CH.F/705 12 11, ODEP, 25-26

- **Lumley, J.L., (1978)**, «Computational modeling of turbulent flows», *Advances in Applied Mechanics*, 18, 123-176

- **Majander, P., Siikonen, T., (2006)**, «Large-eddy simulation of a round jet in a cross-flow», *Int. J. Heat and Fluid Flow*, 27, 402-415

- **Marzouk, S., Mhiri, H., El Golli, S., Le Palec, G. et Bournot, Ph., (2003)**, «Numerical study of momentum and heat transfer in a pulsed plane laminar jet», *Int. J. Heat and Mass Transfer*, 46, 4319-4334

- **McClimans, T. and Eidnes, G., (2000)**, «Forcing nutrients to the upper layer of fjord by a buoyant plume», *Proc. 5th Intl. Symp. Stratified Flows*, Vancouver, Canada, 199-204

- **Michas, S.N. et Papanicolaou, P.N., (2009),** «Horizontal round heated jets into calm uniform ambient», *Desalination*, 248, 803-815

- **Morton, B.R., Taylor, G.I. et Turner, J.S., (1956),** «Turbulent gravitational convection from maintained instantaneous sources», *Proc. Roy. Soc.*, A234, 1-23

- **Morton, B.R., (1961),** «On a momentum mass flux diagram for turbulent jets, plumes and wakes», *J. of Fluid Mechanics*, 10, 101-112

- **Murray Rudman, (1996),** «Simulation of the near field of a jet in a cross flow». *Experimental Thermal and Fluid Science*, 12, 134-141

- **Padet, J., (2011),** «Fluides en écoulement: Méthodes et modèles», Seconde édition, *La société Française de Thermique.*

- **Papanicolaou, P. N., Papakonstantis, I. G. et Chrutodoulou, G. C., (2008),** «On the entrainment coefficient in negatively buoyant jets», *J. Fluid Mecha.*, 614, 447-470

- **Patankar, S.IV., (1980),** «Numerical heat transfer and fluid flow», *Series in computational methods in mechanics and thermal sciences.*

- **R.A.I.D. (Régie Autonome Intercommunale de Distribution d'Eau et d'Electricité), (1994),** «Etude de la pollution des plages et des oueds. Etude du Plan Directeur d'Assainissement des agglomérations de Tanger et d'Asilah», Rapport IV., Sous mission 1-7, 125 p, annexes 1 et 2.

- **Rajaratnam, N. et Pani, B. S., (1972),** «Turbulent compound annular shear layers», *Journal of the Hydraulics*, Division 98, 1101-1115

- **Rawn, A.M., Bowerman, F.R. and Brooks, N.H., (1961),** «Diffusers for disposal of sewage in sea water», *Trans. ASCE.*, 126, 344-388

- **Rhie, C.M. et Chow, W.L., (1983),** «Numerical study of the turbulent flow past an airfoil with trailing edge separation», *AIAA Journal*, 21(11), 1525-1532

- **Rouse, H., Yih, C. S. et Humphreys, H. W., (1952),** «Gravitational convection from a boundary source», *Tellus*, 4, 201-210

- **Roberts, P.J.W. et Toms, G., (1987),** «Inclined dense jets in flowing current», *Journal of Hydraulic Ingineering*, Asce 113 (3), 323-34

- **Robinet, J.Ch., (1999),** «Effets et modélisation de la turbulence: Simulation des Systèmes Fluides (SISYF)», UEE d'Arts et Métiers ParisTech., France.

- **Sherif, S.A. et Pletcher, R.H., (1998),** «Measurements of the thermal characteristics of a cooled jet discharged into a heated cross-flowing water stream», *International Communications in Heat and Mass Transfer*, 25, 455-469

- **Schiestel, R., (1993),** «Modélisation et simulation des écoulements turbulents», Hermes, Paris.

- **SOGREAH, (2002),** «Etude de la faisabilité des émissaires en mer de la zone de Tanger: Collecte des données de base», n° 71 7103-R1.

- **Spalding, D.B. et Patankar, S.IV., (1967),** «Heat and mass transfer in boundary layers (Part 1 et 2)», Morgan Grampian, London.

- **Speziale, C.G. et Gatski, T.B.**, **(1997)**, «Analysis and modelling of anisotropies in the dissipation rate of turbulence», *J. Fluid Mech.*, 344, 155-180

- **Swain, M.R., Filoso, P., Grilliot, E.S. et Swain, M,N.**, **(2003)**, «Hydrogen leakage into simple geometric enclosures», *Intl. J. of Hydrogen Energy*, 28, 229-248

- **Tanaka, T. et Tanaka, E.**, **(1976)**, «Experimental study of a radial turbulent jet (1st report, effect of nozzle sharp on a free Jet) [J]», *Bulletin of the JSME*, 19(133), 792-799

- **Taylor, G.I.**, **(1945)**, «Dynamics of a mass of hot gas rising in air», *U.S. Atomic Energy Commision MDDC 919*, LADC 276.

- **Thauvin, J.P.**, **(1971)**, «Présentation du domaine rifain. In : Ressources en eau du Maroc: T.1. Domaine du Rif et du Maroc Oriental», *Notes et Mémoires du Service Géologique du Maroc*, Rabat, N°231, 27-67

- **Turner, J. S.**, **(1960)**, «A comparison between buoyant vortex rings and vortex pairs», *J. of Fluid Mechanics*,7, 419-432

- **Versteeg, H.K. et Malalasekera, W.**, **(2007)**, «An introduction to computational fluid dynamics: The finite volume method», second edition, Pearson Education Limited, England.

- **Viezel, Y. M. et Mostinskii, I. L.**, **(1965)**, «Deflection of a Jet injected into a stream», *J. of Engrg. Physics*, 8, The Faraday Press, Translation of Inzhenerno-Fizicheski Zhurnal, 160-163

- **Viollet, P.L., Chabard, J.P., Esposito, P. et Laurence, D.**, **(1998)**, «Mécanique des fluides appliquée: Ecoulements incompressibles dans les circuits, canaux et rivières, autour des structures et dans l'environnement», *Presses de l'école nationale des ponts et chaussées*, France.

- **Wegner, B., Huai, Y. et Sadiki, A.**, **(2004)**, «Comparative study of turbulent mixing in jet in cross-flow configurations using LES», *Int. Journal of Heat and Fluid Flow*, 25, 767–775

- **Williams, F.A.**, **(1985)**, «Combustion theory», Second edition, Benjamin Cummings, Menlo Park. Wood, I.R., Bell, R.G. et Wilkinson, D.L., 1993. Ocean disposal of wastewater, *Advanced Series on Ocean Engineering*,Volume 8, World Scientific.

- **Woods, A.W.**, **(1997)**, «A note on non-Boussinesq plumes in an incompressible stratified environment», *J. Fluid Mech.*, 345, 347-356

- **Yuan, L.L., Street, R.L. et Ferziger, J.H.**, **(1999)**, «Large-eddy simulations of a round jet in crossflow», *J. Fluid Mech*, 379, 71-104

- **Zaman, K. et Hussain, A.**, **(1980)**, «Vortex pairing in a circular jet under controlled excitation- Part 1- General jet response», *J. Fluid Mech*, 101, 449-491

- **Zeitoun, M. A., Reid, R. O., McHilhenny, W. F. et Mitchell, T. M.**, **(1970)**, «Model studies of outfall system for desalination plants», *Research and development Progress Rep. 804*, Office of Saline Water, U.S. Dept of Interior, Washington, D.C.

www.ingramcontent.com/pod-product-compliance
Lightning Source LLC
Chambersburg PA
CBHW021113210326
41598CB00017B/1432